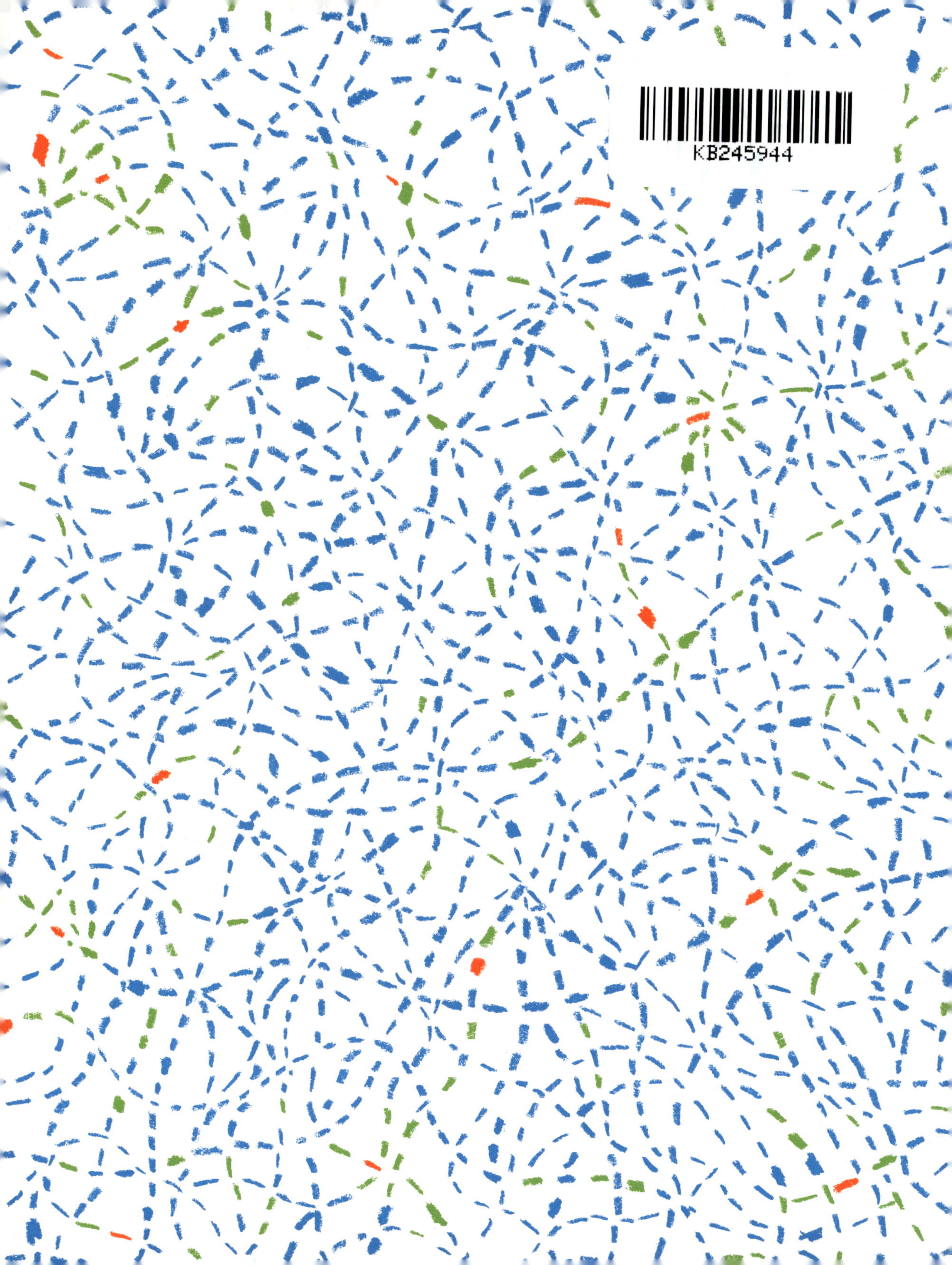
KB245944

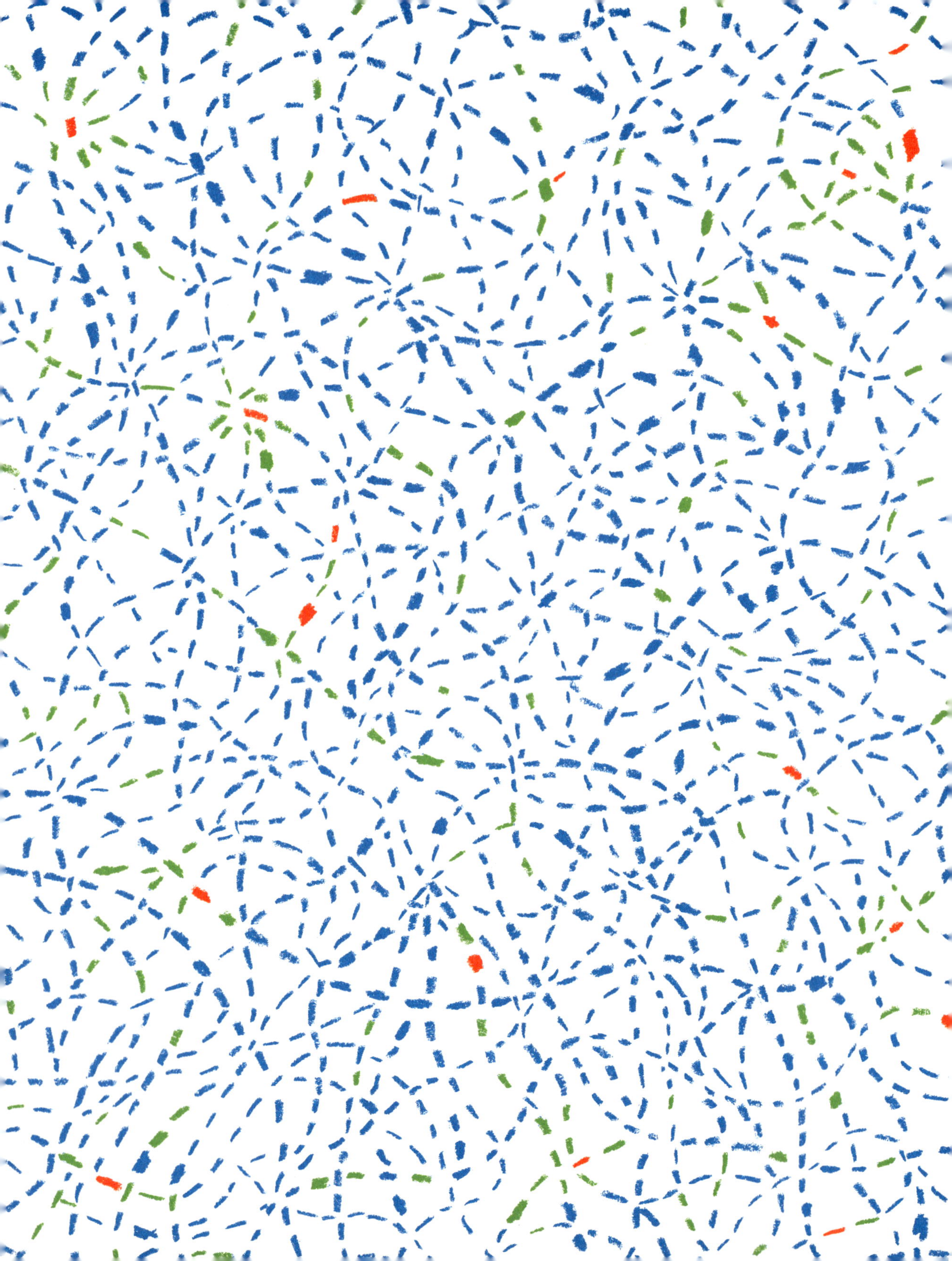

THEBUS

더 버스
청춘의
서울여행법

이예연
이창원
이혜림

웅진콜론북

TOUR GUIDE

53
서울 사람들
6624번 지선버스

61
걷지 못했던 걷고 싶은 거리
마포16번 마을버스

71
우리가 원하는 정류장
9404번 광역버스

81
근대건축 나이 알기
420번 간선버스

472
143
402

406
10054
405

당신에게 서울은 어떤 곳인가. 누군가에겐 지긋지긋해서 벗어나고 싶은 곳, 누군가에겐 잊지 못할 추억이 묻혀 있고 또 생겨나는 곳, 누군가에겐 이야기할 가치조차 못 느낄 만큼 무의미한 곳…… 서울은 참으로 다양한 사람이 사는, 그렇기에 다양한 이야기가 있는 곳이다.

생각해보면 서울은, 의외로 그 안에 살고 있는 사람들에게 평가절하되곤 하는 도시다. 확실히 서울은 많은 인구가 밀집되어 있는 곳이라 어딜 가든 북적이고 지방과 비교해 땅값도 비싸지만, 문화예술에 관해선 볼 것 많고 느낄 것 많은 수도임에 분명하다. 말하자면 서울은 거대한 복합문화공간이다. 그러나 누구에게나 열려 있는 곳은 아니어서 보고자 하는 이에게만 보이는 꽤나 까다로운 전시관이다.

여기 버스를 타고 서울 구석구석을 탐험하는 청춘들의 특별한 여행기가 있다. 각각 건축, 디자인, 미술을 전공한 세 명의 청춘들이 그들만의 관점으로 서울을 바라보며 생각하고 느끼는 것을 풀어놓았다. 그들은 그동안 우리 곁에 너무 가까이 있어서 보지 못했던, 어쩌면 보려 하지 않아 볼 수 없었던 서울의 볼거리들, 생각할 거리들을 찾아 탐험을 떠난다.

그럼 왜 버스인가. 버스는, 서울을 여행할 수 있는 가장 저렴하고 스마트한 교통수단이다. 지하철은 빠르고 비교적 정확하지만 풍경이 없다. 서울의 땅 속을 굳이 '여행'할 필요는 없을 것이다. 버스는 서울의 곳곳을 누비고 다니며 그 속으로 들어가 풍경이 된다. 특히나 젊은이들이 간편하고 부담 없이 할 수 있는 유의미한 여행을 생각해보았을 때 버스는 무척 매력적인 교통수단이며, 서울은 알맞은 장소다. 도시인들이 잠시 머리를 식히고 싶을 때 가볍게 떠날 수 있는 여행법이기도 하다.

이 책은 서울의 맛집과 관광 명소를 담고 있지 않다. 그저 버스를 타고 서울이라는, 우리 삶의 터전 속으로 뛰어들어 우리가 늘 보는 거리, 늘 보는 건물, 늘 보는 사람들에 대해 다르게 볼 수 있는 관점을 제시한다. 버스 노선을 따라가며 각각 다른 여행을 시작한, 서로 다른 관점을 가진 세 명의 젊은이들이 들려주는 이 버스 탐험기는, 유익하면서도 즐거운 서울 도심 여행의 묘미를 느끼게 해줄 것이다. 서울은 물론 버스가 다니는 곳이라면 그 어디든, 누구든 버스를 타고 자신이 사는 동네, 거리, 도시를 누비고 다니며 그동안 보지 못했던 것들을 볼 수 있길 바란다.

지콜론북 편집부

16
362
66-4
420

ARCHITECTURE TOUR
431
940Y

"왜 굳이 버스를 타? 승차감도 좋지 않고 느린데."
동행과 어딘가를 갈 때, 버스를 타자고 하면 꼭
듣는 이야기다. 사실 효율성을 따지자면 버스는
지하철보다 좋지 않다. 지하철이 가지 않는
곳에 갈 때가 아니면 버스를 아예 타지 않는
사람도 많다. 도착 시간도 애매하고 승차감도
좋지 않기 때문이다. 갓 상경했을 당시에는 시간
계산도 용이하고 길도 찾기 쉬운 지하철을 주로
이용했지만, 어느 순간부터 버스를 타기 시작했다.
지하철 창밖으로 역사 -검은 터널- 역사 -검은
터널로 이어지는 풍경에 지겨움과 답답함을 느낀
때부터였던 것 같다. 버스를 타면 긴 창으로 매
순간 바뀌는 서울의 다양한 모습을 파노라마처럼
볼 수 있다.
153번 버스는 5분이면 여의도 중심가에서 폭이
1km나 되는 한강을 건너고, 402번 버스는 늘
북적이는 서울역 광장에서 이름마저 아름다운

소월길을 지나며 도시를 내려다보게 해준다.
버스는 상경한 촌놈에게 서울을 잘 볼 수 있게
해주었다. 지하철역 이름으로 막연히 알고 있었던
서울의 사대문을 보며 조선시대 서울의 크기를
가늠했다. 처음부터 도시 계획하에 만들어졌다는
강남은 버스를 타고 길고 곧게 뻗은 대로를
달려봐야만 제대로 느낄 수 있다.
그림을 보고 싶을 땐 미술관에 간다.
건축을 느끼고 싶을 땐 버스를 타보자.
자리에 앉아 시선을 돌리면 차창은 건축의
갤러리가 된다. 집에서 조금 일찍 나와 버스를
타보자. 거리가 보인다. 건축이 보인다.

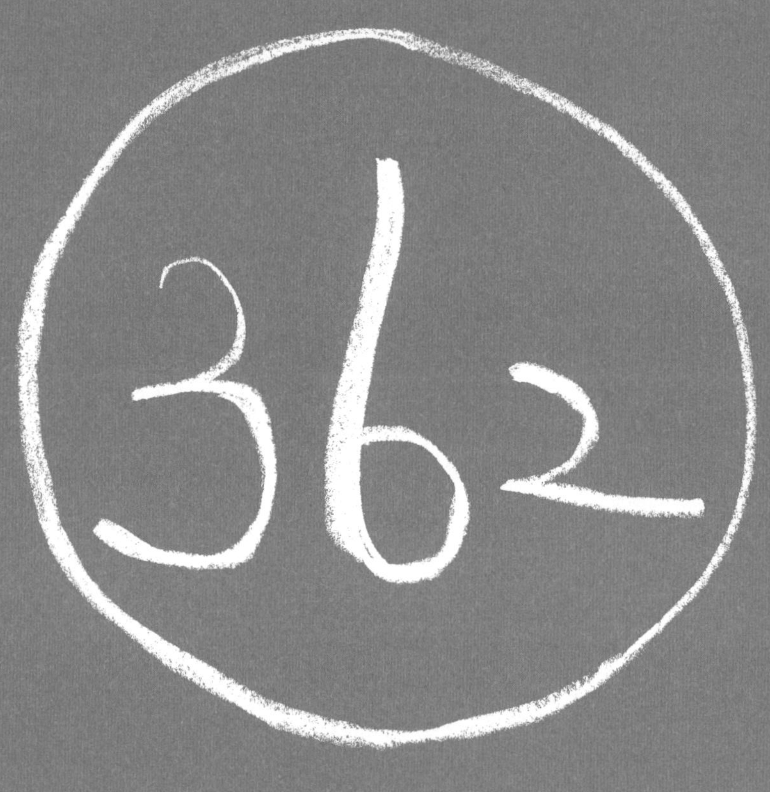

미운 아이 다시 보기
아파트의 역사

362번 간선버스

ㅋ

우리의 정서로, 누구나 꿈에 그리는 집이 있다면 그것은 바로 '전원주택'일 것이다. 남진의 노래에서 "저 푸른 초원 위에 그림 같은 집을 짓고"란 가사가 관용구처럼 회자되고 있는 것을 보면 자연 속에 머무는 그림 같은 집은 우리에게 스위트홈이라고 할 수 있다. 그러나 그 스위트홈은 현대에 와선 단독주택이 아닌 아파트의 형태로 변모하기 시작했다. 2010년 인구주택총조사에서 볼 수 있듯이 대한민국에는 아파트에 사는 사람이 가장 많다.

건축법 시행령에 의하면 5층 이상의 주택은 모두 아파트로 분류된다. 그래서 아파트라고 말할 수 있는 건물은 많지만, 보통 우리가 생각하는 아파트에는 몇 가지 조건이 더 필요하다. 여러 동이 모여 단지를 구성하고, 입구에는 상가가 있고, 놀이터와 화단이 있어 아이들이 뛰어놀 수 있고 저녁엔 산책을 할 수 있는 공원이 있는 집. 아파트가 본격적으로 생기기 시작한 70년대, 기껏해야 2층 주택에 살던 사람들은 덩그러니 떨어진 높은 건물에 집들이 위아래로 다닥다닥 붙어 있는 아파트를 보면서 '저기서 살 수 있을까?'하고 생각했을 것이다. 그런데 지금 대부분은 아파트에 살고 있다.

362번 버스를 타고 가다 보면 두 가지 인상적인 볼거리가 눈에 띈다. 매일매일 다른 모습을 보여주는 한강과 아파트들이 그것이다.

362번 버스의 반환점인 여의도 국회의사당 앞에서 승차하면, 잠시 빌딩숲을 지나 여의도 아파트 단지로 향하게 된다. 그리고 그 여의도의 끝자락 즈음에 여의도에서 가장 먼저 지어진 여의도 시범 아파트가 있다. 더 이상 건물을 지을 공터가 남아 있지 않은 강북을 벗어나 여의도에 둥지를 틀게 된 첫 대규모 아파트 단지다. 밖에서는 바라볼 수 없지만, 시범 아파트는 이전 우리의 변화된 가정의 모습을 보여주는, 말 그대로 아파트의 시범 모델이라 할 수 있다.

과거 우리가 살던 한옥의 구조는 이랬다. 문을 들어서면 먼저 마당이 있다. 마당은 가족들이 이야기를 나누고, 빨래를 널고, 고추를 말리는, 방 안에서는 할 수 없는 일들을 하는 곳이었다. 지금 우리가 생각하는 거실과는 사뭇 다르다. 손님을 맞을 때나 밥을 먹을 때는 꼭 안방이나 사랑방을 이용했다. 또한 성의 역할이 명확히 구분되어 있었

반포아파트 항공사진

던 과거에 부엌은 금남의 구역이어서 다른 곳에서 안쪽을 들여다 보기 힘들게 되어 있었고 온돌 바닥을 데우기 위한 아궁이로 인해 바닥의 높이도 달랐다. 건물의 겉모습은 충격적으로 바뀌었지만 여의도 시범 아파트 속의 삶은 그렇게 바뀌진 못했다. 오늘날의 정사각형에 가까운 거실과는 달리 길쭉한 거실은 가족들이 모여서 밥을 먹거나 이야기하는 공간이라기보다는, 잡무를 할 수 있는 넓은 복도에 가까웠다. 밥은 여전히 각자의 방에서 먹었고, 부엌은 두꺼운 벽으로 거실과 구분되어 있었다. 당시 여의도 아파트는 중산층의 집이라기보다는 상류층의 집에 가까웠기 때문에 부엌 안쪽에는 식모방이 따로 있었다.

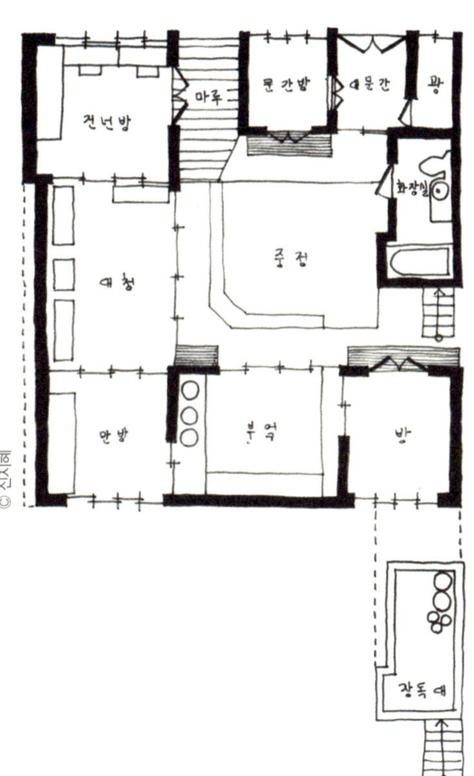

근대 도시형 한옥

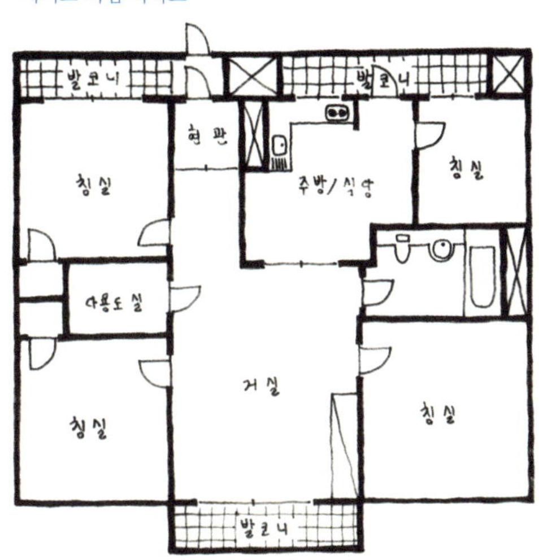

여의도 시범 아파트

　버스는 어느덧 여의도를 벗어나 한강을 따라 노들길을 달린다. 원활한 감상을 위해 자리는 되도록 진행 방향의 왼쪽에, 기사 아저씨의 뒷자리에 앉는 것이 좋다. 강 건너에는 남산과 서울N타워가 빼꼼 모습을 보인다. 그리고 하늘과 한강 사이에는 두껍고 하얀 아파트의 띠가 보인다. 이제는 어쩔 수 없는 우리 서울의 모습이다.

　어느새 한강도 더 이상 보이지 않는다. 가도 가도 비슷한 5층 정도 높이의, 성냥갑 같은 아파트들이 계속해서 보인다.

아파트는 표면적으로는 획일화되어 있다. 입주할 때 벽지까지 모두 같은 색으로 발라주기 때문에 모든 집이 같은 모습이 된다. 반포 아파트 단지의 시공 회사는, 똑같은 모양에 대한 입주민들의 탈피 욕구의 해답으로 창문을 동글동글하게 만들어 기존의 딱딱

한 아파트의 모습에서 벗어나려고 시도했지만 근본적인 해결책은 아니었다. 입주민들이 바랐던 것은 독특한 단지가 아니라 독특한 자기 집이었다. 아파트는 외형적으로 똑같은 모습이지만 집 안은 각 가정의 형편과 상황에 맞게 꾸며진다. 주부들은 새로 출시한 가전제품, 최신 유행의 인테리어, 좋은 커튼과 소파, 시스템 키친 등을 갖추어 놓고 자신들만의 집을 만들어 간다. 반포 아파트 단지에서 한 블록 아래 있는 청담동 가구 거리도 압구정의 중산층 주부들과 함께 우리나라 최대의 고급 가구 상가가 된다.

반포 아파트를 지나는 중간에는 거대한 성이 나타난다. 3,410 세대의 반포 자이 아파트다. 상가조차 다른 곳과 다르다. 정면에서 보면 2개의 튀어나온 구조물이 마치 유럽 옛 건물의 압도적인 기둥을 연상케 한다. 위압적인 상가 전면과 그 뒤로 보이는 하늘 높이 솟은 기둥들은 외부인은 들어오지 말라는 일종의 경고같다. 나는 너와 다르다고 외친다.

이런저런 가게들이 있는 상가와 거대한 내부 공원은 주변으로 나가지 않고 안에서만 생활하기에 충분하다. 마치 그들만의 작은 도시 같다.

반포/압구정 아파트 단지를 지나는 동안 군데군데 '가든'이 보인다. 당시의 아파트는 분명 좋은 집이긴 하지만 정원이라고 할만한, 혹은 공원과 같이 자연을 즐길만한 공간이 없었기 때문에 사람들은 주말에 가족과 함께 갈 곳을 찾게 되었다. 그리고 이 때부터 강남은 갈비의 중심지가 된다.

이 산 저 산에서 가져온 독특한 나무들과 물레방아가 달려있는 조그마한 연못(비단잉어가 있어야 한다)을 바라보며 숯불 갈비를 먹는 가든은, 당시의 중산층 아버지들이 주중에 번 돈으로 가족에게 휴식을 제공하기에 더할 나위 없이 좋은 곳이었다.

　　한 외국인이 반포 아파트 조감도를 보
고 분단 국가의 병영 막사라고 착각했을 정
도로, 효율성에 집착한 똑같은 모습으로 한
강에 줄지어 들어선 반포 아파트는 우리가
현재 생각하는 강남 부촌의 시발점이었다.
그런데 반포의 아파트들을 보고 있으면 신
기한 것이 있다. 한강을 바라보는 아파트가
한 채도 없다. 아파트를 분양할 때 보통 한
강이 근처에 있기만 해도 한강 조망권이라
고 광고하지만, 반포 아파트는 모두 한강을
등지고 있다. 한강을 바라보면 돈이 더 든
다. 우리는 과거부터 남쪽을 바라보고 살아
왔다. 단열 기술이 부족했던 과거에는, 여름
과 겨울에 온도차가 커 여름엔 문을 열어 시
원하게 하고 겨울에는 문을 닫고 해를 받아
온도를 유지해야 했고, 그러기 위해선 남향
이 필수조건이었다. 그런데 반포 아파트는
한강 쪽에 거실을 내려면 북서향 또는 북향
이 되기 때문에 한강을 등지고 있는 것이다.
최근에는 단열 기술이 좋아서 북쪽을 바라
보고 있어도 내부 온도를 유지할 수 있지만,
북향에 대한 편견으로 분양이 되지 않아 그
렇게 짓지 않는다고 한다.

버스가 종점에 다다를 때 즈음 올림픽 선수촌 아파트가 보이기 시작한다. 선수촌 아파트는 서울 올림픽 당시 우리나라의 주거 문화를 세계에 소개하기 위해 공모를 통해 계획되었다. 그래서 기존의 아파트를 뛰어넘는 여러 가지 특이한 점이 있다. 일단 배치가 독특하다. 중앙 상가를 기준으로 동들이 방사형으로 펼쳐져 있다. 동심원에서 멀어질수록 6층에서 24층까지 높아지는 동 구성으로 단지 중심에 서 있으면 하늘이 확 트인다.

그리고 단지 내에 원래 흐르고 있었던 성내천과 감이천은 흙으로 덮어버리지 않고, 그 주변을 산책로로 조성했다. 공간적인 구성뿐만 아니라 외관도 아름답다. 계획 당시부터 메인 컬러를 정해 아파트 외관의 느낌을 통일했기 때문이다.

푸른빛이 섞인 회색을 5가지 명도로 조율해 외관을 장식하고 정사각형 모양의 창문은 진한 회색 창틀을 사용해 벽면과 조화를 꾀했다. 아파트는 30년이 지난 지금의 시선으로 보아도 세련됐다.

이처럼 살기도 좋고 아름다운 새로운 아파트의 전형을 제시한 올림픽 선수촌 아파트는 다른 곳에서는 다시 지어지지 못했다. 여러 가지 이유가 있겠지만, 올림픽 때 대한민국의 얼굴을 담당해야 했던 만큼 일반 아파트보다 많은 돈을 써서 지었기 때문이다. 더 높고 더 많이 지을 수 있는 현행법상 아직까지는 주거의 질보다는 많은 양을 공급하는데 집중하고 있는 탓이다.

'서울은 아파트 공화국'이라는 말은 이제 부정할 수 없다. 우리들 대부분의 삶은 아파트에서 시작해서 아파트에서 끝난다. 비슷해 보이는 아파트들도, 시간이 지나면서 단순히 외장재가 페인트에서 대리석으로 바뀐 것뿐만 아니라, 단지의 형태나 아파트 내부 평면의 구성이 우리의 요구에 따라 끊임없이 변해왔다. 새로 생기는 아파트들은 10년 전의 판상형(하나의 동 안에 세대가 일렬로 구성되며 단지내 동이 일렬로 또는 십자형으로 배치되는 형태)이라기보다는 정사각형에 가까운 형태로, 단순한 남향이 아니게 되면서 집 공간을 보다 다양하게 구성할 수 있게 되었다. 이것은 건설사들의 계획이라기보다는 우리의 삶이 더 다양한 공간을 요구하기 때문이라고 볼 수 있다. 많은 시간이 지난 후 우리의 후손은 우리 시대의 전통주거 형태를 아파트라고 생각하게 될지도 모른다.

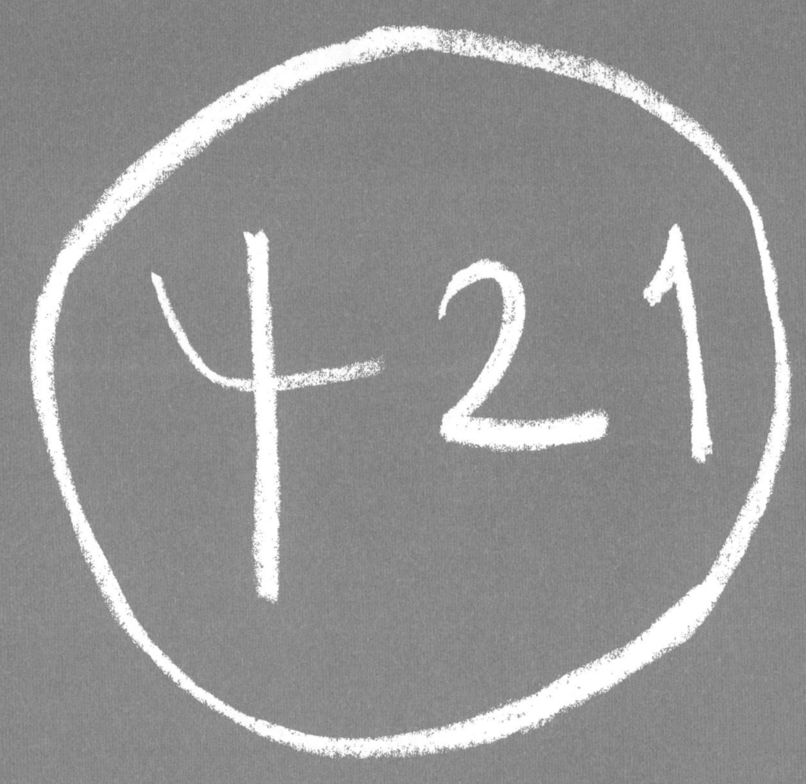

진짜 공간 여행

421번 간선버스

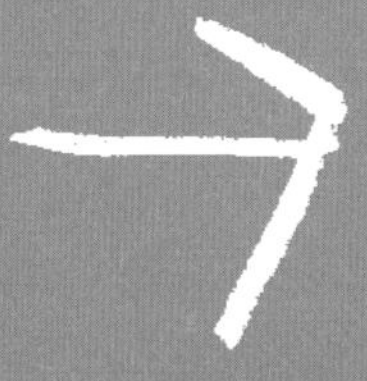

건축가 홍윤주 씨는 웹사이트 '진짜공간(www.jinzaspace.com)'을 운영한다. '진짜공간'은 '현재 내가 살고 있는 동네의 탐구'와 같은 진짜 공간에 관한 이야기를 담는 곳이다. 그는 건축, 인테리어 매체에서 보는 공간들이 우리가 살아가는 공간과 너무 동떨어져 있고, 또 그것을 동경하라 강요하는 것 같아 싫어졌다고 한다. 그래서 서울대학교 도서관, 리움미술관 같은 화려한 건축물을 설계한 렘 콜하스와 동네 슈퍼 아줌마 사이의 넘을 수 없는 간극을 느끼고 해결책을 찾다, 우리가 주변의 일상적인 풍경 속에서 각자의 취향에 맞는 건축을 찾아본다면 그것이 좁혀질 수 있을거라 생각했다고 한다. 동네 속 풍경에서 마음에 드는 모습을 하나하나 사진으로 남기기 시작했고 3년 전부터는 '진짜공간' 블로그에 짧은 글과 함께 포스트를 해오고 있다. 그래서 이번엔 그와 함께 버스를 타고 서울 시내의, 우리 주변의 진짜 공간을 찾는 여행을 해보기로 했다.

#421번 버스안
인터뷰어. 창원/인터뷰이. 윤주

창원 진짜 공간이 뭐라고 생각하세요?

윤주 일반적인 사람들이 정말 마음 놓고 즐길 수 있는 공간이면 되는 것 같아요.

창원 그럼 그 반대되는 가짜 공간이라면 어떤 게 있을까요?

윤주 가짜 공간이라면, 나한테 안 맞는 공간, 뭔가 불편한 공간인 것 같아요. 사람들은 제가 매체에 나오는 공간을 싫어한다고 생각해요. 제 블로그인 '진짜공간'에서 다뤄진 공간들이 좀 오래된 건물들이 많고 새 건물은 별로 없고 하니까요. 근데 그건 제가 사람 냄새 나는 공간을 좋아해서 그래요. 그러다 보니 블로그에 남기는 공간들의 분위기가 그렇게 보여진 거 같은데 매체에 나오는 새 건물을 무조건 부정하는 건 아니에요.

창원 그럼 매체에 소개될 만한 새 건물 가운데 진짜 공간이라고 생각하는 게 있나요?

윤주 사실 새 건물을 보면 제 주변 친구들이나 저나 그런 공간으로 초대받아 놀아본 적이 별로 없으니까 현실감이 없는 것 같아요. 건축가가 지은 멋진 공간에 초대받아서 놀아본 적 있어요?

창원 없죠. 네, 없어요.

윤주 아, 생각해보니 저는 건축가가 지은 건물에서 되게 편안하게 자본적이 있네요.

창원 어디요?

윤주 포도호텔이요.

창원 아, 그럼 거기는 진짜 공간이라고 생각하시는 거예요?

윤주 네 그렇죠. 그러니까 진짜 공간에 대한 한계는 저의 활동 범위인 거예요. 제 생각이 굳어져 있는 게 아니라 제 생활 무대가 거기니까 그걸 다루는 거죠. 유럽 여행을 가거나 일본 여행을 가면 좋은 공간 많잖아요. 뭐 그런 곳까지 다 이야기 하려고 하면 '진짜공간'을 수익 사업으로 하면 할 수 있겠죠. 그런데 아직까지는 '진짜공간'의 운영이 제 주 업무는 아니니까 그냥 활동 범위 내에서 할 수 있는 데까지 다루고 있어요.

창원 '진짜공간'에 게시되는 건물들이나 공간들은 주로 이야기가 있잖아요. 특별히 좋아하는 공간이 이야기가 되는 건가요?

윤주 이야기라고 하면 좀 그런데, 어떤 공간에서 예쁘게 하려고 한 정성이 보여지면 꽂히는 거죠. 그림을 그리더라도 섬세하게 그리는 사람이 있는가 하면 어떤 사람은 대범하게 훅 그리잖아요. 그런 디테일을 보면 그 사람의 생각이나 손길이 상상이 되는 거죠. 그런 상상이 되는 건물이 저한테는 재미있는 거 같아요.

창원 그리고 보니까 '진짜공간' 웹사이트에 올라왔던 글을 보면 그 장소에서 사람들이 어떻게 행동했는지가 보이는 것 같아요.

윤주 네 저는 그런 게 좋아요. 막연히 어떤 공간이 예쁘고 그런 게 아니라 어떤 사물이나 현상이 있을 때 거기서 사람이 어떻게 했나 떠올릴 수 있는 거요. 그게 되게 재미있어서 열심히 하는 거에요. 그런 일들이 쌓여 건물이 계속 변하는 거거든요.

창원 서울에서 어떤 동네를 제일 좋아해요? 저는 합정동이요.

윤주 저는 경리단. 거기 살고 있으니까. 살고 있어서 좋은 거예요.

창원 저도 합정동에 살고 있어서 그곳이 좋아요.

윤주 그리고 시간이 지나면 지날수록 인사할 사람들이 많아지는 게 좋아요. 기분이 좋아져요. 인사하는 사람들이 많아지는 게요. 한 명 한명 늘어요. 철물점 아줌마, 편의점 아저씨, 그 앞에서 헌옷 파는 할머니, 그렇게 한 명씩 한명씩 늘어가는 게 재미있어요.

창원 그럼 예쁜 건물이 많아서라거나 동네 분위기가 좋아서라기보다 거의 '어떤 사람이 있냐', '나와 이 동네가 어떤 관계를 맺고 있느냐'의 관점에서 동네에 대한 애정이 생기는 거네요.

윤주 저는 여기가 생활권인 게 되게 오래됐어요. 여긴 할머니, 할아버지들이 많이 계세요. 서울 토박이라고까지 하긴 좀 그렇지만 이곳에서 굉장히 오랜 시간 사신 분들이에요. 그래서 동네 문화가 생긴 거죠. 할머니들끼리 다 알고 동네사람들끼리 다 알아요. 그래서 이 동네에 집수리하는 분들이 어디 고장났다고 하면 '여기 내가 몇 년 전에 와서 고쳐줬던 곳이다'라고 얘기할 정도예요. 기반이 오래된 생활권이 있는 동네인 거예요.

창원 그럼 사는 동네 빼고 제일 좋아하는 동네는 어디예요?

윤주 동네들이 많이 변했지만, 예전에 제가 주로 활동했던 동네는 홍대에요. 홍대라 함은 성산동, 서교동, 상수동 그렇게 그 지역이에요. 좋았으니까 살았어요.

창원 왜 좋았어요? 그냥 거기도 동네 문화가 많아서요?

윤주 네. 제가 살 때는 거기가 동네였어요. 다 주택가였고 집집마다 감나무가 한그루씩 있어서 아줌마들이 길에서 천을 맞잡고 장대로 두드려서 감을 따기도 하는 모습이 연출되는, 그런 소소한 모습들이 많이 보였던 동네에요. 제가 살던 집 앞에도 다 그런 집이었고요. 그런데 지금은 그 집이 카페로 바뀌었어요. 또 회사가 삼청동에 있었어요. 삼청동에 한 3~4년 있었나? 그때 삼청동이 되게 좋았거든요. 밥 먹고 나면 꼭 산책하고 들어갔어요. 그런데 제가 회사를 그만 다닐 때쯤, 사람들이 큰 카메라를 들고 나타나서 사진을 찍기 시작했어요. 거리를 지나갈 때마다 찰칵찰칵 소리가 들릴 정도였어요. 그때 되게 심했거든요. 그러고 나니까 그 동네가 좀 싫어지더라고요.

창원 그게 몇 년 전이에요?

윤주 사람들이 삼청동을 찍기 시작한 때가 2007년쯤인 것 같아요. 그때 사무실이 한옥이었는데 골목에 대장 할머니도 계시고 그랬어요. 그 골목에서 무슨 일이 생겼을 때 그 할머니를 찾아가면 다 해결이 되곤 했어요. 그랬는데 다 이사가시더라고요. 그래서 좀 씁쓸해지더라고요. 그리고 나중에 결국에는 우리 사무실도 세를 너무 올려가지고 나왔어요.

#제기역 약령시장 정류장
제기역 4번 출구앞 꽃가게

창원 이 가게 귀엽지 않아요? 센스가 있는 것 같아요.

윤주 저는 이런 걸 센스라고 보지는 않고요. 재미있어요. 유머를 아는 분 같아요.

창원 벽에 벽돌 모양을 그려 넣은 선이 깔끔하지 않아서 좀 아쉬워요. 일부러 삐뚤삐뚤하게 한 것 같진 않아요.

윤주 저는 일부러 한 것 같아요.

창원 손으로 그리다 보니까, 사실 깔끔하게 붓으로 칠한다는 게 쉽지 않잖아요. 제가 했으면 먹줄 다 쳐놓고 붓도 하나만 써서, 두께 똑같이 맞춰가지고 그렸을 것 같아요.

윤주 처음에 멀리서 봤을 때 진짜 벽돌인 줄 알았어요. 안 똑발라서 진짜 벽돌 같아요. 수공적인 느낌이 나지 않나요? 벽돌도 파벽돌인 것 같은 느낌도 나고.(웃음)

창원 실제로 벽돌을 한 번이라도 쌓아본 사람이면, 세로 줄눈이 거의 직선으로 들어가는 게 말이 안된다는 걸 알잖아요. 그런데 이 가게 주인은 일부러 이렇게 한 것 같다는 거죠?

윤주 네. 나름 본인은 예쁘게 한 거죠. 이 '꽃'이라는 글씨 보세요. 얼마나 정성 들여 썼어요. 꽃!

창원 그러네요 글씨는 되게 정성스럽네요.

윤주 꽃집에서 옛날에 '축○○' 이런 글씨 많이 썼잖아요. 그런 글씨체로 나름 공들여 쓰신 것 같아요.

윤주 이집 봐요. 장미를 여기 가운데 하나 키워놓고, 자기 창문으로 한 줄씩 끌어놨어요. 약간 모방인 것 같은 느낌이 드네요.

창원 어떤 것을요?

윤주 저택 같은데 보면 장미 넝쿨이 입구에 아치로 되어 있는 거 있잖아요. 밖에서 볼 때 장식처럼 보이기도 하고, 창밖으로 식물이 보이면 기분이 좋은 것도 있잖아요, 집밖으로 바로 길이 보이니까 그래도 꽃이 좀 보이

면 좋겠다 싶어서 밖에 심은 장미 넝쿨을 창
가로 억지로 끌어다가 놓았네요.

창원 살짝 안타깝기도 한, 그래도 아름다워요.

윤주 센스가 넘치시는 것 같아요. 사실은 한
그루 더 심을 수도 있긴 한데 최소한의 노
력으로 최대한의 효과를 보겠다는 것도 있
는 것 같아요. 그렇게 꽃이 보고 싶은 건 아
닌데 한그루 심을 정도로는 보고 싶으니까,
한그루 심어서 이렇게 두 개로 갈라서 장식
한 거죠. 아 예쁘다!

창원 한그루니까 예쁜 것 같아요.

윤주 확실히 두 그루였으면 이런 느낌은 안
났을 거 같아요.

#용두동 사거리 정류장
용두동 104-27번지 의류창고
인터뷰어. 창원. 윤주 / 인터뷰이. 창고 아저씨

오래돼 보이는 벽돌 건물을 발견했다. 옷 창고인 듯한 건물 안에 할아버지가 청바지에 흰 티셔츠를 입고 조그마한 책상에 앉아 계셨다.

윤주 안녕하세요. 건물 너무 예뻐요. 이 건물 몇 년도에 지어진 건지 아세요?

아저씨 아마 일제시대쯤 지었을 거예요. 스튜디오로 쓰시려고?

윤주 네.

아저씨 여기는 안돼. 이게 겉으로는 벽돌도 예쁘고 천장도 높은 것 같지만 비도 새고 바닥도 말이 아니에요. 여기 바닥 봐요, 다 박스로 씌워놨잖아.

윤주 그래도 건물이 너무 예쁜 것 같아요. 벽돌도 잘 낡았고. 천장이 좀 높은 건물을 생각하고 있었거든요.

아저씨 지금은 낡아서 예뻐 보이는데 당시에는 돈이 없어서 이렇게 지었어요. 옷 창고로 쓰기 전까지 원래 얼음창고로 쓰던 건물이었는데, 여기 이 배관만 봐도 그래요. 당시에 60년대, 70년대에 돈이 없으니까 여기저기서 부품을 가져다 쓴 거예요. 그때그때 가져다 쓰다 보니까 배관 봐요. 크기가 다 다르잖아요. 배관 밑을 지지하는 철판도 예전에 활주로에서 쓰던 철판을 그대로 떼와서 대어 놓은 거예요.

창원 혹시 이런 건물은 임대료가 어떻게 계산돼요?

아저씨 서울 안에 이 정도 창고는…… 이 건물은 좀 낡았으니까 평당 5만원쯤 하려나? 근데 이 건물은 이제 안돼요. 우리도 지금 다른 창고 알아보고 있어요. 동네가 재개발 들어갈 거라서. 그래도 나중에 철거할 때 벽돌은 팔아야지. 요새는 이런 벽돌 사는 사람도 있더라고.

#마장동 축산물시장 정류장
마장동 주택가
인터뷰어. 창원, 윤주 / 인터뷰이. 동네 아저씨

윤주 (식물에 둘러쌓인 집 앞에 앉아 계신 아저씨를 보며)동네에 이런 분들 꼭 한 분씩 계세요. 어딜 가나 꼭 계세요.

창원 저 나중에 늙으면 저럴 것 같아요. 텃밭에서 풀 기르는 게 좋아요. 작년에는 풀을 안 키웠는데, 집에 들어갈 때 막 즐겁고 그러지는 않았어요. 그런데 식물을 기르기 시작한 올해는 "오늘은 토마토가 얼마나 자랐을까? 루꼴라 얼마나 자랐을까? 애들 물 줘야 하는데, 잡초 뽑아줘야 하는데" 하면서 집에 가고 싶어져요.

윤주 (동네 아저씨에게 인사하며)안녕하세요. 이 식물들 되게 멋있어요. 관리하는데 하루에 시간은 얼마나 걸리세요?

아저씨 이거 뭐 관리할거 있어? 잠깐잠깐 하는 거지 뭐.

주차금지
견인지역
LOTTE
LLDPE

창원 옥상 덮은 거 혹시 포도에요?

아저씨 응, 포도. 한달 정도 있다가 와요. 그럼 내가 따줄게. 아주 달아.

창원 네. 감사합니다.

윤주 식물은 도시에 정말 필요한 것 같아요. 또 사람들은 이런 식으로 자기를 표현하는 것도 같아요. '식물 키우는 것 좋아하는 사람이다'라고 하는 것보다, 작가는 그림을 그리듯이 자기를 표현하잖아요. 이분은 이런 식으로 자기의 개성을 표현하는 것 같아요. 집 사방으로 지붕까지 식물로 뒤덮여 있잖아요. 이런 분들을 몇 분 만나봤는데, 강한 프라이드가 있어요. 방금도 그러셨잖아요. 당당하게. 수줍어하거나 이런 기운이 전혀 없이 당당한 분이었어요. 건강한 자기를 마음껏 표현하시는 분 같아요.

창원 그러게요. 먹기 위해서 키우는 건 거의 없었어요. 포도랑, 토마토, 고추가 조금씩 있긴 했는데 식용이라기보다 아저씨는 그냥 초록색으로 건물을 덮는 걸 좋아하시는 것 같아요.

창원 주말이라 가게들이 거의 문을 닫았네요. 어디서 들었는데 마장동시장 분들은 사진을 찍거나 취재하러 오는 사람들을 되게 싫어한대요.

윤주 여긴 고기 냄새랑 미끌미끌한 바닥 때문에 눈가리고 납치를 당해도 내가 어디 있는지 알 것 같아요.

창원 저쪽에 통째로 잘려있는 소머리 보셨어요?

윤주 으악!

창원 철길따라 무허가가 엄청 많네요. 아마 홍대 걷고 싶은 거리도 옛날에는 이랬었겠죠?

윤주 전봇대 쪽에 봐요. 이렇게 식당도 있고 내장 손질하는데도 있는데, 다 무허가니까 수도 시설이 없는 거예요. 그래서 원래 있던 집에서 끌어다 쓰는데 전기선 끌어오는 것처럼 끌어다 쓰는 거예요. 샤워호스처럼 생긴 주름관으로 되어 있고, 나름 겨울에 얼지 말라고 보온재도 하긴 했는데, 아마 얼 거예요. 이런 건물들은 한 번에 생기지는 않

아요. 누가 지어놨는데 '어? 아무 제재도 안 하네, 벌금도 안 내네', 이러면서 하나씩 더 생긴 거죠. 그래서 어떤 집은 알루미늄이고 어떤 집은 샌드위치 판넬이고 그나마 어떤 집은 콘크리트 좀 썼고 그런가 봐요. 초기에는 벽이 없고 저기서 그냥 고기를 손질했었을 수도 있겠네요. 비를 피해야 하니까 지붕이 생기고 바람을 피해야 하니까 벽이 생기고……

윤주 '수도시설' 하면 되게 어렵게 생각하잖아요. 배관을 어떻게 하고, 수전을 어떻게 하고. 그런데 여긴 해결 방법이 너무 쿨해요. 생존이니까. 솔직하게 다 드러내놓고요. 제대로 된 가게이거나, 허가를 받았거나 인정을 받았거나 돈을 벌었거나 하면 적어도 그냥 땅을 조금만 파서 묻으면 되는 거잖아요, 그런데 여기 있는 가게들은 대부분이 무허가이니까 언제 없어질지 모르고 최대한 싸게 물만 쓰자 하는 거예요.

창원 작업대가 생각보다 작네요.

윤주 여기 보면요, 아래쪽에 냉동고를 두고 그 위에 작업대를 만들었구요, 옆에 조그만 평상을 만들어 앉아서 일할 수 있고 쉴 때는 누워서 쉴 수 있게 해놨어요.

창원 더 이상 공간을 압축하려 해도 압축할 수 없어 보이네요.

윤주 형광등 위쪽 한번 보세요. 딱 평상에 서면 닿을만한 높이에 작업물 창고를 만들었어요. 위쪽, 아래쪽, 파이프 기둥, 선반 어디 하나 버릴 곳 없이 공간이 꽉 짜여 있어요.

저녁은 홍윤주 씨가 즐겨 찾는다는 이태원의 이화국시에서 먹기로 했다. 얼핏보기엔 슈퍼처럼 보이는 가게에서 냉면, 칼국수, 잔치국수 세 가지 메뉴로 승부를 보는 가게다. 날씨 좋을 때 길거리에 내어놓은 테이블에서 녹사평 교차로를 내려다보며 국수와 맥주를 먹을 수 있다.

창원 오늘 재미있었어요.

윤주 3시간이나 돌아다니니 힘들어요. 보통은 1시간 정도 돌아다니거든요.

창원 신기했던 게, 저랑 계속 걸음을 멈추는 포인트가 달랐어요. 저는 예쁘거나 독특한 외관을 주로 본다고 하면 윤주 씨는 공간에서 행동하는 사람을 보는데 중점을 두는 차이가 있었던 것 같아요.

윤주 음, 아무래도 관심이 가는 부분이 다를 테니까요. 저는 사람이 들어가 있는 공간을 좋아해요. 아까 마장동시장 작업대를 볼 때도 저는 사용하시는 분이 안 계시더라도 그 자리에서 어떻게 행동을 하시는지 상상을 해 보거든요.

창원 하기사 공간은 사람이 사용하는 공간이지 누가 지나가면서 보라고 만든 공간은 그림이나 다를 바가 없겠네요.

윤주 사람이 사용하는, 살아가는 공간이 진짜 공간이라고 생각해요.

창원 사람이 사용하는 공간이란 말은, 당연한 것 같으면서 어렵네요.

윤주 그러게요. 그나저나 여기 맛있지 않아요?

서울 사람들

6624번 지선버스

#성저십리와 성내

일전에 내가 버스를 좋아하는 걸 아는 중국인 친구가 나에게 서울을 보고 싶다며 버스 노선 하나를 추천해달라고 했다. 우리의 옛 모습을 보라며 7025번을 추천했더니 궁궐은 봤단다. 서울의 변해온 모습을 보라고 420번을 추천했더니 강남이나 종로 같은 번화가는 자기가 보고 싶은 곳이 아니란다. 자기는 '진짜 서울'이 보고 싶다고 했다. 진짜 서울 사람들이 살아가는 공간말이다. 서울에서 서울을 가장 잘 보여줄 수 있는 곳은 어디일까. 치열하게 경쟁하며 선진국이란 목표를 향해 달려온 '서울 사람'들이 사는 곳, 강남이나 한남동처럼 부자들만 모여 사는 동네도 아니고 노원구나 은평구처럼 서민들의 동네도 아닌 곳, 그래서 나는 6624번 버스를 타보라고 했다.

치열하게 살아온 서울 사람들이 사는 곳은 강남에 땅이 있었던 사람들처럼 대단한 부자나, 평창동이나 한남동처럼 전통적인 부자가 살아왔던 공간이 아니다.

조선시대로 돌아가보면 서울은 사대문을 따라 성벽이 있었고 지금은 중구와 종로구의 일부인 성내에 왕족이나 관료가 사는 동네가 있었다. 양인들은 성곽주변 10리를 통칭하는 성저십리에 살았다. 양인들은 과거제를 통해 신분 상승을 꿈꾸었고 성내에서 살기를 바랐다. 치열하게 살던 사람들은 성내에 살던 양반이 아니라 성저십리에 살던 사람들이다. 그리고 이는 지금도 변하지 않았다.

#목동과 신월동

6624번 버스의 차고지는 신월동에 있다. 서울 남서쪽에 위치한 신월동은 경인고속도로에 의해 남북으로 단절되어 있다. 그리고 이 경인고속도로에서는 신월동을 볼 수 없다. 6624번 버스는 이 신월동에서 출발한다. 신월동의 좁은 도로는 서울의 2차선 도로의 전형이다. 상가 앞에 줄지어 대어져 있는 자동차들은 두 대가 넉넉히 지나갈 만한 도로의 가장자리를 점거했다. 맞은편에서 큰 차가 오면 버스는 속도를 줄여야 할 정도다. 버스를 타고 가면서 보이는 풍경은 상가 건물, 그리고 또 상가 건물이다. 이 길에서는 자본을 느끼기 힘들다. 그저 치열하게 살아가는 사람들이 있을 뿐이다. 김가네 왕갈비, 전주식당, 늘프랑 과자점, 성한마트. 한 물 갔거나 잘나가는 브랜드를 적당히 카피한 가게들뿐이다.

남부지방법원을 끼고 우회전하면 말 그
대로 순식간에 풍경이 변한다. 이 교차로가
우리의 성곽이다. 건물이 보이지 않는다. 끝
없는 가로수의 연속이다. 택시기사들이 그렇
게 싫어한다는 목동 중심축 도로다. 외부인
들에게는 들어가면 어떻게 나가야 하는지 감

사진출처, Herbert G Ponting, Land of the morning calm / 1903

과거 서울은 사대문을 따라 성벽이 있었고
성내에는 왕족이나 관료가, 양인들은 성곽주변
10리를 통칭하는 성저십리에 살았다.

이 오지 않는 길이다. 그러나 사실 지도로 보면 간단하다. 보통의 길이 양방향이라면 노란 중앙선 사이를 벌려 백화점이나 오피스텔이 들어가 있고 바깥쪽에는 낮은 아파트들이 들어선 모양이다. 이런 작은 변화는 목동 주민들에게는 굉장히 편한 시스템이다.

일방통행길은 교통의 흐름을 조절하기 쉬워 꽉 막힌 길처럼 보여도 신호등만 바뀌면 술술 지나갈 수 있다. 하지만 처음 들어온 사람에게는 그저 복잡하고 어떻게 지나가야 할지 모르는 그들만의 길이다.

목동 주민들은 여기만큼 살기 좋은 동네가 없다고 한다. 중심축 도로를 기준으로 계획된 동네는 차를 탈 때에는 중심축 도로를 따라 가로수에 둘러싸인 길만 빨리 지나가고, 걸어 다닐 때에는 신월동 골목길보다 넓은 산책로를, 찻길을 거의 마주하지 않으면서 걸어 다닐 수 있다. 일부러 계획한 것은 아닐 것이다. 그렇지만 자연스럽게 외부의 출입을 막는 중심축 도로와 가로수의 장벽은 보이지 않지만 과거보다 더 높아진 성벽이다.

목동은 탄생부터 그랬다. 근대화 이후 경쟁은 더 이상 우리끼리의 것이 아니게 되었다. 정부는 86아시안게임과 88올림픽 때 비행기를 타고 서울로 들어오는 외국인들에게 신월동과 같은 낙후된 동네를 보여줄 수 없었다. 그래서 마치 영화 〈브라질〉(1985)에서 고속도로 주변의 황량한 모습을 가리기 위해 세웠던 광고판과 같은 목동을 만들었다. 그들에게는 한강의 기적을 보여줘야만 했기 때문이다.

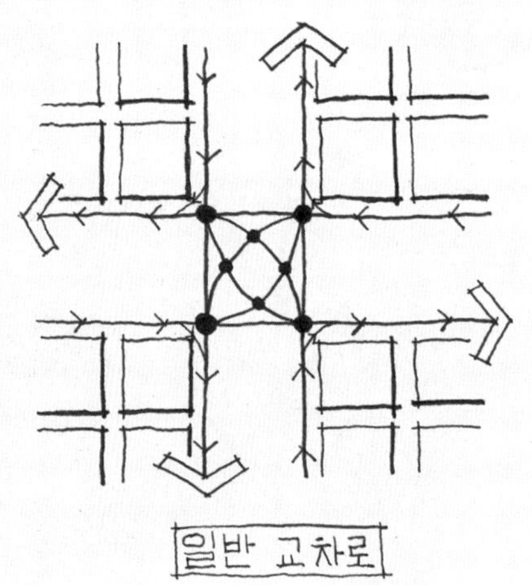

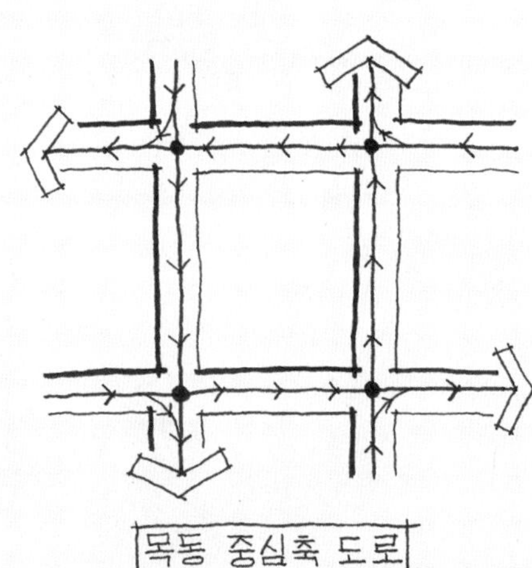

원하던 목적은 달성했다. 아시안게임과 올림픽을 통해 발전된 우리나라의 모습은 전 세계의 TV를 통해 송출되었고, 신월동은 그때부터 지금까지 그 모습을 그대로 유지하고 있다.

성저십리의 양인들은 더 나은 삶을 살기 위해 치열하게 싸워왔다. 그리고 성취한 사람들은 그렇지 못한 사람들과 구분되길 바랐다. 강남과 강북을 나누고, 또 그 안에서 강남 3구를 나누고, 또 그 강남 안에서도 높고 화려한 아파트에 살면서 주변과 구분하려 했다. 학생 때부터 시험을 치르면서 사람을 등급화하고, 직장에 취직해서도 한 명 한명 줄 세우는 피 터지는 경쟁을 치러왔다. 나름 승리한 자들의 치열한 등급차가 느껴지는 곳이 서울이다. 주목받는 개인을, 또는 주목받는 자신을 싫어하는 사회이지만 비슷비슷한 사람들이 모이면 이야기가 달라진다. 우리는 그 속에서 살아왔다. 신월동과 목동은 그런 우리 삶의 압축된 모습이다.

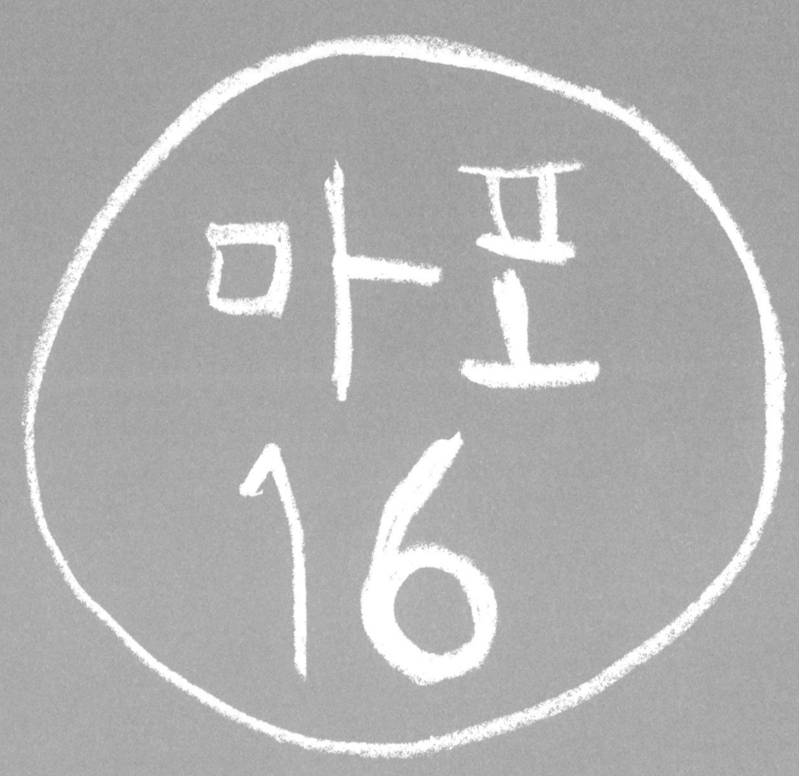

건축 여행

마포16번은 주말만 되면 사람으로 가득차 바닥이 보이지 않는 '걷고 싶은 거리'를 두 번 가로지른다. 주말 오후 버스를 타고 걷고 싶은 거리를 가로지르면 첫째, 걷고 싶은 거리를 이어 걸으려는 무단횡단 인구에 한번, 전성기의 명동 저리 가라 할 정도로 가득 차 있는 사람들에 두 번, 마지막으로 보행로로 만들어졌다기에는 너무 큰 도로폭에 놀라게 된다. 걷고 싶은 거리는 확실히 우리 주변의 길과는 다른 모습을 보여준다.

홍대 걷고 싶은 거리의 항공사진(다음 페이지에)을 보면, 가운데 보이는 길이 걷고 싶은 거리다. 주변의 다른 길들은 우측에 양화대교에서 연결되는 양화로에 맞춰 수직/수평으로 나 있는데 반해 기존의 도로와는 사뭇 다른 형태를 보인다. 이 길 끝에는 연기가 피어오르는 서울 화력발전소가 있다.

지금은 지하의 파이프로 공급하는 도시가스로 발전을 하지만 70년대까지만 해도 이곳은 무연탄을 이용했다. 걷고 싶은 거리는 과거에 화력발전소로 석탄을 운반하던 당인리선이 다니던 철로다. 지금은 폐선되어 흔적조차 찾기 힘들지만 이 거리가 지금의 모습이 된 것은 철길이었기 때문에 가능했다. 70년대 신촌은 사람들이 많이 모이면서 세가 올라 기존에 살던 화가나 음악가들이 그것을 감당하기 힘들어졌다. 그런 그들이 새로이 정착한 곳이 바로 당시 철길로 이용되던 곳이어서 집값이 싸고 신촌에서 멀지 않은 현재의 걷고 싶은 거리였다. 현재는 사람들이 다시 모이면서 집값 또한 다시 올라 남아있는 작업실이나 공연장이 많지는 않지만 그래도 아직까지는 서울에서 예술가가 가장 많은 동네를 꼽으라고 하면 홍대 근방일 것이다.

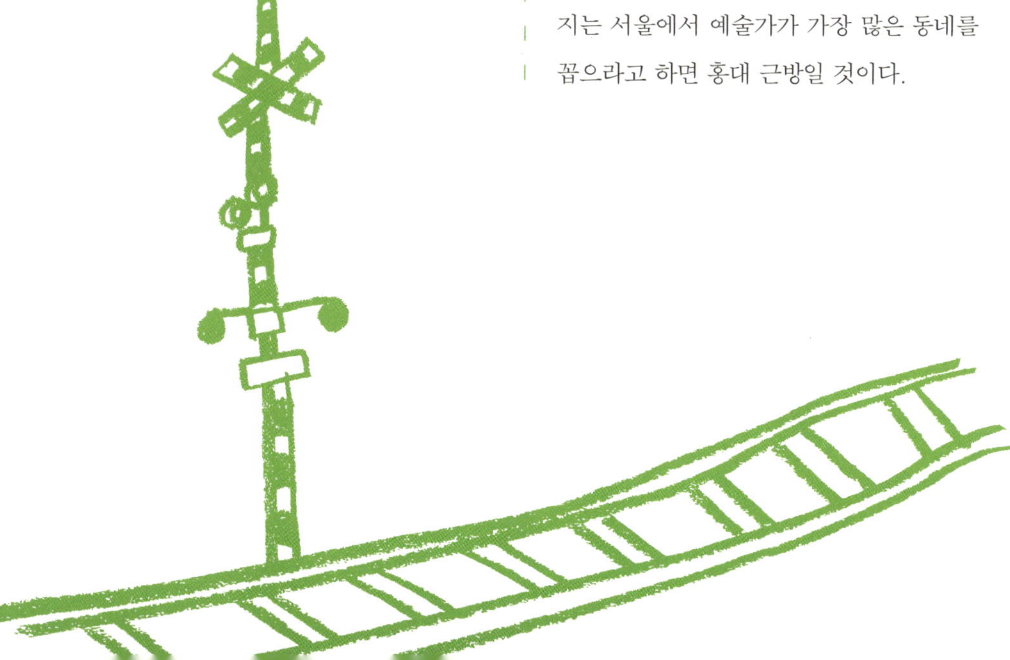

걷고 싶은 거리에서 과거 기찻길의 흔적을 찾을 수 있을까? 걷고 싶은 거리의 사거리에는 다른 지역에서는 보기 힘든 조그만 가건물 같은 상가가 일렬로 들어서 있다. 홍대 상권이 점점 커지면서 이 건물들은 과거의 모습을 많이 잃은 모습이다. 하지만 자세히 보면 걷고 싶은 거리에서 보이는 쪽이 과거의 건물의 뒷편이라는 것을 알 수 있다.

매달 새로운 벽화가 그려지는 당구장 건물과 조그마한 상점들의 창문들을 보자. 사람이 많이 다니는 길에 면한 창문이라고 하기에는 너무 작다.

사진은 과거 홍대의 랜드마크였던 서교프라자의 호미화방이다. 호미화방은 걷고 싶은 거리 쪽으로 문이 나있다. 당연히 호미화방 쪽이 정문이 되어야 할 것 같지만 이쪽은 16층짜리 건물의 정문이라고 하기에는 초라하다. 하지만 서교프라자 뒷편 모습을 보면 건물의 모습도 훨씬 화려하고 정문으로도 손색이 없는 문이 존재한다. 주변에 현재 지어지는 건물들은 당연히 걷고 싶은 거리 쪽으로 정문을 낸다. 서교프라자가 어떤 면을 정면으로 두고 있는지만 봐도 과거에 어떤 방향이 중요했는지를 알 수 있다.

기차가 다닌 길이었다면 분명히 정거장도 있었을 것이다. 지금은 하나의 흔적이 남아 있다. 죠스 떡볶이라는 가게의 앞 사거리에 있는 아스팔트 포장도로의 경계 부분을 보면 일반 길거리에서 보기 힘든 큰 돌이 보인다. 이 돌은 과거 기차역에 기차와 플랫폼 사이를 경계 짓던 돌이다. 걷고 싶은 거리를 따라 오던 2칸짜리 기차가 죠스 떡볶이 가게 앞길에 서는 것을 상상해보자.

당시에 기찻길이었던, 지금은 아스팔트로 덮혀 있는 공간은 철길과 승강장의 높이를 생각해보면 지금보다는 한참 낮았을 것이다. 또한 왼편의 홍대 놀이터에서 내려와 걷고 싶은 거리를 가로지르는 와우산로21길에는 차단기가 설치된 건널목이 있었을 것이다. 홍대는 이렇듯 폐선 부지가 재개발되면서 형성된 특이한 번화가라고 볼 수 있다.

우리나라에는 이처럼 곳곳에 인위적으로 변형된 번화가가 있다. 일산의 라페스타나 영등포의 타임스퀘어 등 대규모 개발로 이용하기 편리한 번화가를 만든다. 이런 쇼핑몰들은 그 장소만의 독특한 특징을 갖기 힘들다. 어디에나 있을 법한 비슷한 모습으로 자리하면서 주변에 새로 생기는 더 편리한 쇼핑몰에 손님을 뺏기고 설 자리를 잃게 된다. 그렇게 수입이 적어진 쇼핑몰들은 과거의 그들이 그들 이전의 존재에게 행했던 재개발을 당하는 수순을 밟게된다.

　홍대 걷고 싶은 거리도 기찻길이 자연스럽게 번화가로 형성되는 과정이 없었다면 그저 그런 신촌 근처의 주택가나 일반적인 대학교 앞 번화가가 되었겠지만, 기찻길이 재개발됨으로 자동차 길로 계획되기가 힘들었고 걷는데 적합한 거리가 되었다. 그러면서 주변 건물들이나 문화가 자연스럽게 어우러졌고 다른 곳에서는 보기 힘든 독특한 거리로 형성되었다.

　이러한 자연발생적 번화가는 인위적으로 만든 번화가와 비교하면 그만의 독특한 문화가 있어 생명력이 길고, (명동처럼)한 번 쇠락했다가도 다시 부활할 수 있는 가능성이 존재한다. 서울은 역사적 가치를 가지거나 그 동네만의 독특한 이야기를 담고 있는 공간이 많다. 과거의 이야기를 담고 있는 걷고 싶은 거리는 그래서 아름답다.

우리가 원하는
정류장

9404번 광역버스

13만의 유동인구, 2500대가 넘는 배차량, 1만 3000회에 육박하는 정차수. 하루 통행량이 어지간한 동네 정류장의 한달 통행량을 웃도는 이곳은 강남대로 버스정류장이다. 강남대로는 버스정류장으로 가득 차 있다. 출퇴근 시간만 되면 지하철 승강장을 방불케 하는 중앙 버스정류장의 모습과, 신호가 초록불로 바뀔 때마다 어디선가 쏟아져 나와 넓은 횡단보도를 가득 채우는 사람들. 사람이나 버스나 이미 소화량을 훌쩍 뛰어넘은 이곳에서 대부분의 광역버스는 도로 바깥으로 쫓겨난 상황이지만 위성도시 분당에서 사람들을 싣고 오는 9404번 버스는 강남대로의 중앙 버스전용차로를 유유히 지난다.

2004년 7월, 서울시는 야심차게 버스 체계를 개편했다. 노선 개편과 함께 도입된 중앙 버스전용차로는 이전까지 '언제 도착할지 모른다'고 생각되어온 버스의 도착 시간을 얼추 예상할 수 있도록 해주었고 버스의 평균 속도 또한 2배 이상 빠르게 만들었다. 버스에 탄 사람들은 오른편의 일반 차로에서 느릿느릿 기어가는 자동차를 구경하면서 갈 수 있게 된 것이다. 안정적인 교통수단은 자연스레 승객의 증가를 불러왔고 도입 후 2년간 서울시의 버스 이용객은 약 30% 증가했다고 한다.

서울시는 버스 체계 개편 이후 시민들과 행정가 양측에서 긍정적인 반응을 이끌어냈던 버스전용차로를 지속적으로 확대했고 현재는 17개 구간에 이른다. 대부분의 구간에서 성공적으로 정착되어가던 중앙 버스전용차로이지만, 단 한 개의 구간에서만 유독 지속적인 민원 제기와 그에 따른 노선 수정 작업이 최근까지 끊이지 않고 있다고 한다. 바로 신사역부터 양재역까지 약 4km에 이르는 강남대로의 정류장들이다. 이 지역은 다른 지역이었으면 중앙 버스전용차로로 배정되었을 간선버스조차 감당을 못해 인도 쪽으로 배치되어 있다.

중앙 버스전용차로를 9404번 버스의 눈으로 바라보자. 버스는 사람을 태우는 교통수단이다. 그리고 사람들은 도로 바깥쪽에 마련된 인도에 있다. 자연히 최초로(버스 이외의 차량 통행이 많고 차선이 비교적 좁은 종로는 아직까지도) 도입되었던 전용차로는 도로 최우측 버스정류장 쪽으로 배치되었다. 이 버스전용차로는 전용이라는 말

을 붙이기에 2퍼센트 부족하다. 최우측차로는 기본적으로 필수적으로 주차해야 하는 다른 차들이 많다. 승용차에서 잠깐 하차하는 사람이나 우회전을 하려는 차들과 섞이게 되면서 버스들은 자신의 전용차로에서도 다른 차들을 이리저리 피해가야 했다. 하지만 중앙 버스전용차로는 다르다. 이 길은 24시간 온전히 버스의 것이다. 좌회전하는 차량조차 전용차로의 우측에 배치되어 신호를 따로 받는다. 전용차로를 통행하는 버스는 정류장에서 승객을 태우는 일과 직진, 이 두 가지 일만 하면 된다. 자연히 속도는 빨라지고 배차 간격 또한 일정해진다. 시간을 지킬 줄 아는 버스가 된다.

그럼 이제 이 완벽해 보이는 중앙 버스전용차로를 이용하는 승객의 시선에서 바라보자. 일단은 사람들이 오고 가느라 늘 복잡한 인도에서 벗어날 수 있어서 좋다. 버스를 기다리는 동안 오고 가는 사람들에게 치이지 않아도 되기 때문이다. 빨리 오는 버스 역시 반갑다.

하지만 도로 주변의 건물 앞에서 버스를 기다리던 사람들은 이제 횡단보도를 건너가야만 한다. 특히나 강남대로는 무려 5개의 차선을 건너가야 중앙 버스정류장에 다다를 수 있다.

사정이 이렇다 보니, 정류장까지 가기 위해선 차도 위에서 사람과 차들이 서로 뒤엉키는 상황이 연출되기도 한다. 중앙 버스정류장은 또 마치 섬처럼 보이기도 한다. 정류장을 간신히 가리는 차양은 무덥거나 비가 많이 오는 날 많은 사람들의 차양이나 바람막이가 되어주기엔 역부족이다.

그런 날엔 그 자리에 서서 버스를 기다리는 것이 곤혹스럽다. 이럴 땐 예전 버스정류장이 그립다. 예전엔 건물 안으로 들어가 비를 피할 수도 있었고, 건물의 차양에서 쉴 수도 있었기 때문이다.

이제 사람들은 버스를 타기 위한 '전용'의 공간에 '갇혀', 버스가 오기 전 잠시 편의점을 다녀올 여유나, 노점상에서 담배와 껌을 살 여유도 남지 않았다. 버스를 기다리는 것 외에 길 위에서 볼 수 있는 풍경도 많이 줄었다. 지나가는 다른 행인들의 모습도, 상점의 쇼윈도도 볼 수 없다. 한층 한층 가까워가는 숫자를 바라보는 엘리베이터 속 승객처럼 일분 일분 전광판에 남은 버스 도착 시간을 바라볼 뿐이다. 어색한 공기는 엘리베이터의 그것과 사뭇 다르지 않다. 엘리베이터가 불편하다고 계단으로 걸어 올라가는 사람은 없다. 정류장이 불편하다고 중앙 버스전용차로를 없애는 건 어불성설이다. 대중교통은 빠르고 정확하게 시민을 이동시켜 주는 데 가치가 있다. 그럼에도 불구하고, 중앙 버스정류장에서 버스를 탈 때마다 마음에 걸리는 이것은 무엇일까.

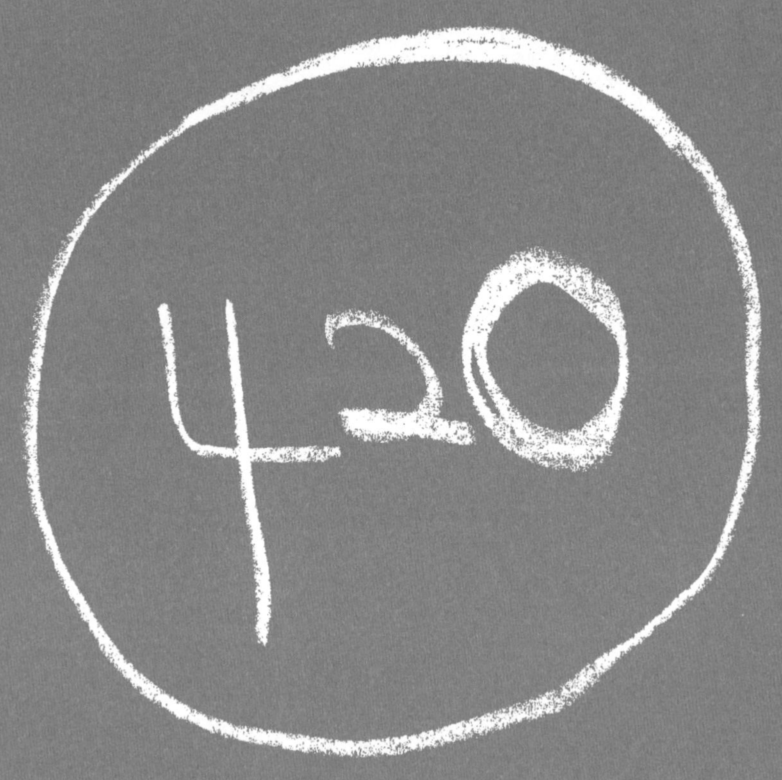

근대건축 나이 알기

420번 간선버스

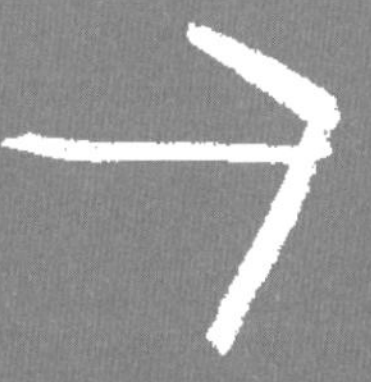

우리는 사람을 만나면 먼저 나이를 묻곤 한다. 나이는 그 사람의 인생을 엿볼 가장 훌륭한 수치이기 때문일 것이다. 58년 개띠는 한국전쟁 이후의 우리나라 재건을 지켜보며 자랐으며, 80년생들은 민주화 이후의 우리나라의 발전을 지켜 보았다. 90년생들은 학창시절을 정보화 혁명의 소용돌이 속에서 보냈을 것이다. 이렇듯 나이는 그 사람이 살아온 사회에 비추어 그 사람이 어떤 사람인지를 가늠해 볼 척도가 된다. 건축물도 마찬가지다. 건축물의 나이는 사람의 나이와 마찬가지로 그 건축물이 어떤 건축물인지를 바라볼 수 있는 척도로 사용할 수 있게 된다.

이번엔 420번 간선버스를 타고 근대건축의 묘미를 볼 수 있는 건물을 찾아 떠나보기로 하자. 먼저 광희동 정류장에 내리면 50년대 건축물을 볼 수 있다. 최정형외과의원(다음 페이지의 사진)의 건물은 50년대에 지어진 건물이다. 50년대는 전쟁 이후 신문물과 함께 들어온 서양의 콘크리트 건축 방식이 유행하던 때이다. 기술이 발달하지 않아 콘크리트의 강도가 높지 못해 약한 모서리가 많이 떨어져 나갔다. 지금 보기엔 낡아 보이지만 당시에는 우리가 흔히 접하는 유리로 감싼 높은 빌딩처럼 '새것'이었다.

이 시대의 건축물은 세로로 긴 기둥이 있다는 공통점이 있다. 이 기둥들은 건축물 내부에까지 깊숙이 박혀있다. 얼핏 보면 안쪽의 벽이 겉면 밖으로 튀어나온 것처럼 보이기도 한다. 당시의 건물들은 창문에 블라인드나 코팅 필름으로 햇볕을 차단하고 조명을 사용해 내부의 밝기를 조절하는 조도 조절 기술이 발달하지 않아 구조적으로 실내를 은은하고 적당한 빛으로 유지하는 것이 중요한 문제였다. 당시의 건축가들은 이 문제에 대한 해결책을 전통 한옥에서 찾았다. 한옥의 가장 큰 특징인 길게 뻗어 나온 처마는 여름에 빛을 차단하고 겨울에 빛을 받아들여 사시사철 온도를 적절하게 유지하게 한다. 이 같은 원리로 설치된 얇고 긴 기둥은 사무실 내부에 방해가 되는 직사광선 대신 벽에 반사되어 은은한 반사광을 만들어주었다. 얼핏 보기에 한옥과 이후의 건축은 공통점이 없어 보이지만 시대가 달라져도 바뀌지 않았던 기후는 이 둘을 이어주는 끈이 되었다. 하지만 조도 조절 기술이 발달하면서 우리의 건축에서 한옥의 흔적이 점점 사라지고 있다. 이 당시에 건물들은 전통적인 건축의 외관을 버리지 못하고 콘크리트로 과거의 건물 구조를 표현하는 경우가 많았다. 콘크리트에 줄눈을 표시해 마치 나무로 짓던 건축을 흉내내려고 하거나 무늬를 새겨 마치 돌을 쌓아놓은 것처럼 보이려 시도했다. 이런 시도는 아직까지도 옹벽 등에서 엿볼 수 있다.

1950년대 건축물. 광희동 정류장. 최정형외과의원

근대화 시기의 콘크리트는 지저분하다. 정리되지 않았다. 콘크리트 건축 이후에 등장한 것은 시공이 편리한 타일 건축이다. 50~60년대 콘크리트 건물은 기술 부족으로 마감이 잘 되지 않아 외벽이 갈라지고 모서리가 쉽게 부스러져서 지은지 10~20년이 지나면 낡아 보였다.

반면에 타일을 이용한 건축물은 시멘트를 적당히 모양만 잡아 내부를 만들어 놓고 그 위에 타일을 덧붙이기만 하면 깔끔하게 보였다. 지속적으로 페인트를 칠해줘야 하는 콘크리트 건물과는 달리, 코팅된 타일 건물은 닦아주기만 하면 대부분의 때가 깨끗이 닦였다.

1960년대 건축물. 동대문역사문화공원 정류장, 을지로 173번지

이런 여러 좋은 점에도 불구하고 타일이라는 재료에는 큰 단점이 있었다. 당시 타일은 비쌌다. 타일을 함부로 자르거나 취향에 맞는 타일을 주문 생산할 수 없었다. 이 때문에 타일 건축물만의 특징이 드러나는데, 바로 건축물의 모든 것이 타일의 크기에 맞추어 디자인되는 것이다.

종로와 을지로 주변에 있는 건축물들은 기둥의 크기와 간격 같은, 최근에는 당연히 먼저 설계되는 부분보다 타일의 크기나 모양을 먼저 고려하여 설계된 것들이다. 여기서 타일 건축이 표현된다. 타일 건축은 모두가 타일에 맞추어 규격화되어 있다. 얼핏 보기에 규격과 규칙은 대상의 표현력을 제한하는 것처럼 보인다. 우리의 시조나 일본의 하이쿠는 극도의 제한으로 작가의 표현력을 구속한다. 하지만 그 구속을 통해 제한된 규칙의 미를 창조한다. 다양성이 극도로 제한된 타일 건축은 기둥의 폭을 타일 4장으로 했다가 5장으로 했다가, 창문의 높이를 타일 12장으로 했다가 13장으로 했다가 하면서 완벽한 비율을 찾아간다. 이 당시의 건축은 그래서 한층 더 높은 수준의 완성도를 자랑한다. 또한 규격에 맞춰 계획된 타일 건축의 입면은 우리에게 직선과 모눈으로 짜인 극도의 미를 보여준다.

어린 시절 우리가 가장 많이 갖고 놀았던 장난감은 아마 레고일 것이다. 8x8mm 규격으로 이루어진 블록은 만화 속의 성도 되고, 소방차, 배, 로보트가 되기도 했다. 규격

이라는 것은 어떤 것을 만드는 데 걸림돌이 될 것 같지만 그러한 규격에 우리의 상상력이 더해지면 어떤 형태가 만들어진다. 사진에 보이는 건축물은 한국 근대건축을 대표하는 고 김수근 건축가가 설계한 경동교회다. 190x90x47mm의 벽돌로 만든 이 건축물은 우리가 벽돌 한 장을 보고는 상상하기 힘든 기도하는 손 모양을 표현한다.

벽돌 건축은 기술이 복잡하고 재료비가 많이 들었던 콘크리트에 비해 싼 인건비와 상대적으로 쉬운 건설 기술이 맞물려 당시 건축의 대부분을 담당하게 된다. 벽돌은 뒷집 김씨 아저씨, 철물점의 박씨 아저씨도 현장에서 며칠의 노가다만 하게 되면 쉽게 지을 수 있는 그런 건축이었다. 어떤 장소에 지어지더라도 자유롭게 만들 수 있는 형태와 전문가가 짓지 않아도 어느 정도 보장되는 튼튼함, 그리고 페인트 칠과 같은 별도의 가공이 없어도 벽돌과 그 사이의 줄눈으로 연출되는 나름대로의 미美 때문에 너도나도 벽돌 건축물을 짓게 된다.

벽돌은 이전 시대의 재료인 타일의 진화형이다. 더욱 한정적인 재료의 크기와 색은 벽돌로 표현할 수 있는 방법을 끝없이 파고들게 만들었고 그 결과 우리나라에서 벽돌 건축은 벽돌 하나로 표현할 수 있는 모든 형태를 표현할 수 있게 되었다.

1970년대 건축물. 장충동동국대입구 정류장. 경동교회

1980년대 건축물. 장충동동국대입구 정류장. 덕양빌딩

이제 우리나라는 건설 기술에 있어서는 선진국이라 불릴만하다. 대중 건축에서의 선진국과 후진국의 차이는 재료의 다양성과 자유도이다. 물론 미적으로 훌륭한 건축이나 얼마나 다양한 건축이 있는지의 측면에서 접근한다면 선뜻 선진국이라 이야기하기 힘들다. 우리나라 건설사들의 건설 기술은 뒤처지지 않아 해외 유수의 건축물을 시공하기도 한다. 우리나라에서도 돈만 있으면 최신의 건축 기술로 얼마든지 높은 건물을 지을 수 있다. 앞서 설명했던 벽돌이나 타일 같은 재료의 경우 정해진 규격 탓에 형태가 많이 한정되어 있었지만 요즘의 주문 생산 방식의 유리와 알루미늄 패널은 폭과 높이가 밀리미터 단위까지 주문이 가능하고 심지어는 곡면의 그것도 만들 수 있다. 이제 건축가는 건축주가 원하는 크기의 건물의 뼈대를 설계한 후 외부에 입히는 자재를 주문해 그것으로 덮으면 된다. 설계시 외부에 사용할 재료에 따른 시공 방식을 고민하지 않아도 된다.

이렇게 확보된 자유도는 우리 건물의 형태를 다양하게 해 건축가가 의도한 미를 더 잘 표현했을 것이라 생각할 수 있다. 하지만 실제 지어진 건축물들은 그렇지 못하다. 최소한의 자유도는 확보되었을지언정 어딘가 모르게 이전 건축에 비해 우아하다는 느낌이 부족하다.

최근에는 앞서 설명했던 근대의 건축물들이 리모델링되곤 한다. 과거 건물의 외장재를 모조리 뜯어내고 유리와 알루미늄 패널로 덮어 새것 같아 보이게 하는 수술을 하는데, 보기에 조금 부자연스럽다. 건축물도 사람처럼 나이에 맞게 늙어갈 때 품위 있어 보인다. 억지로 피부에 인공물을 넣어 들어올린 사람의 미소보다는 주름 속에 그 사람의 인생이 드러나는 미소가 더 아름답듯이.

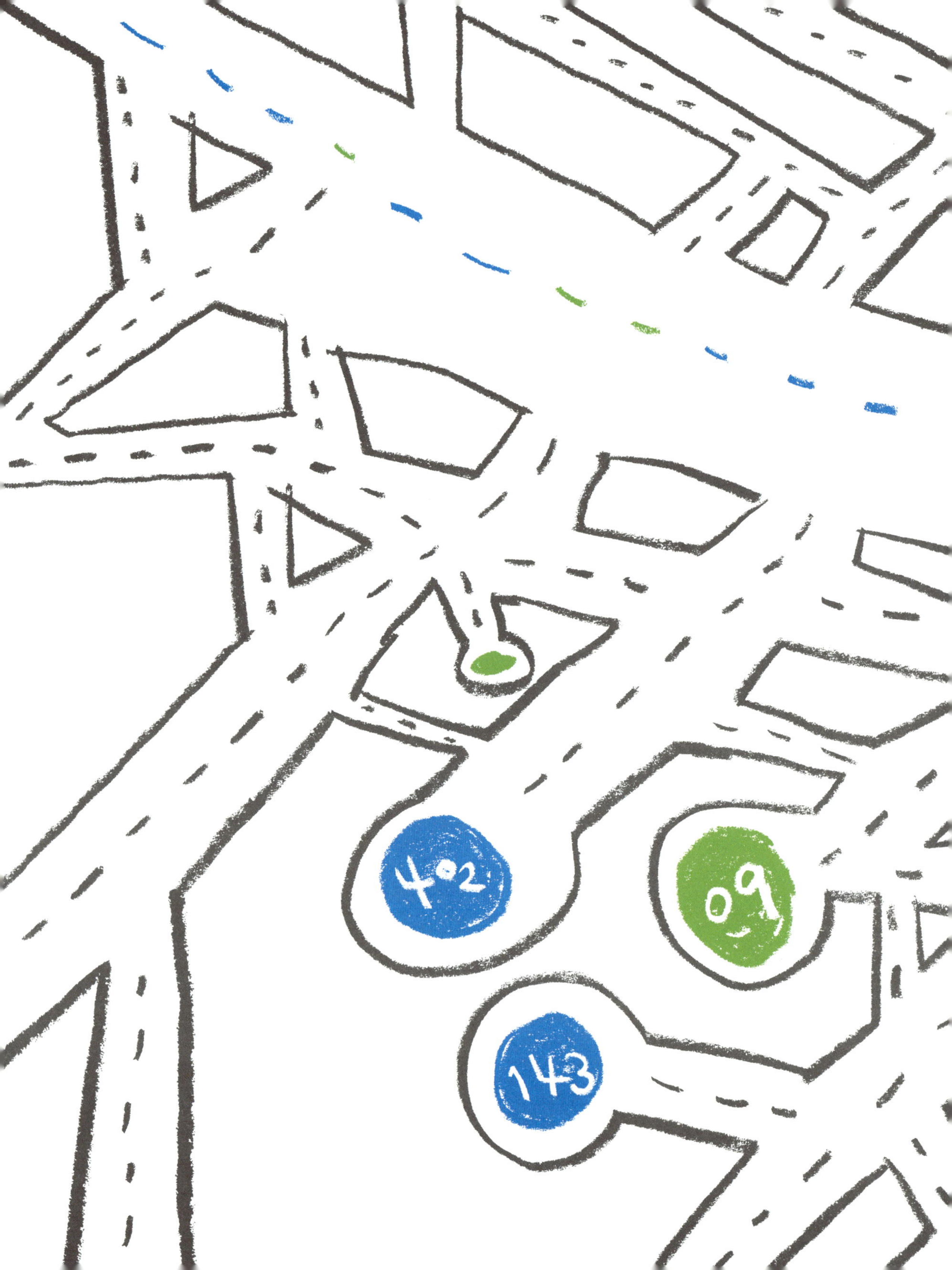
402
09
143

163
15
472
CULTURE TOUR

뮤지컬 〈빨래〉에 이런 대사가 나온다.
"내 이름은 솔롱고스. '무지개'라는 뜻이에요.
몽골 사람들은 한국을 솔롱고스라고 부르죠.
무지개처럼 아름다운 나라. 무지개처럼 꿈을
좇아 여기까지 왔어요." 그리고 그 뮤지컬은 한국
중에서도 서울을 다룬다. 외국에서도 지방에서도
꿈을 이루기 위해 너도나도 서울로 향한다.
하지만 서울은 마치 무지개와 같다. 멀리서 보면
아름다울지언정 가까이서 보면 그 안의 사람들의
희로애락을 감출 수가 없다. 버스와 지하철에서
많은 사람들은 지루하다는 듯이, 혹은 습관적으로
핸드폰을 매만진다. 할 일이 있건 없건 모두가
시선을 내리꽂고 목적지에 도착할 때까지 얼굴을
드는 법이 없다. 꿈을 위해 달리는 동안 그들은
표정과 열망을 잃고 있는 것은 아닐까?
아니면 꿈을 이루기 위한 충전의 시간인 걸까?
대중교통을 이용하는 것은, 육체적으로 피곤하고

많은 사람들에게 치여 정신적으로 지치고 고단한
일일지언정 우리의 일상임에는 틀림 없다. 그러니
대중교통을 이동을 위한 수단으로만 생각하는
것에서 벗어났으면 한다.
대중교통 중 버스는 내게 언제나 영감을 주는
존재이다. 버스에 앉아 창밖을 보면, 서울이라는
공간에 전시된 다양한 공공미술품도 만날 수
있고, 서울을 노래한 음악들을 들으며 그 가사의
배경이 된 거리를 직접 가볼 수도 있다. 다양한
문화를 즐길 수 있는 서울은 자체로 거대한
복합문화공간이다. 그리고 버스는 그 전시장을
여행할 수 있는 좋은 매개체다.
나는 예술 전공자로서, 다양한 얼굴을 가진
서울의 진면목을 보여주고 싶다. 그리고 우리의
버스가 그러한 서울의 문화적 아이콘이 되었으면
한다.

© 이혜림

문화 여행
01

종로
09

그들이 사는 세상,
서촌

종로09번 마을버스

전시를 보러 삼청동에서 경복궁 일대를 돌다 보면 우연히 그 큰 팔차선 도로를 지나는 귀여운(?) 크기의 초록 버스를 볼 때가 있다. 서울의 여러 동네에는 마을버스라고 하는 교통수단이 있다. 내가 사는 동네에도 있는 마을버스인데, 번화한 시내(시청, 광화문)를 도는 마을버스를 만나고 나니 새삼 '이 동네도 이곳 주민들에게는 마을이지……' 하는 생각이 들어 조금 놀랐다. 마을버스인 종로09번은 시청에서 서촌까지 종로구 일대를 도는 버스이다. 그중 요즘 한창 젊은이들의 관심을 받고 있는 서촌을 여행해보려 한다. 또한 다양한 관점을 가진 서촌 주민들을 만나 인터뷰해 보았다.

서촌은 경복궁 서쪽에 있는 마을을 모두 모아 일컫는 별칭이다. 정확하게 말하자면 인왕산의 동쪽과 경복궁 서쪽 사이를 뜻한다. 조선시대 때 역관이나 의관 등 전문직 중인들이 모여 살던 곳이기도 하다. 조선시대에는 겸재 정선과 추사 김정희, 근대에는 화가 이중섭과 이상범, 시인 윤동주와 이상과 같은 예술가들이 서촌에 살았다.

서촌은 청와대 주변에 자리하고 있어 오랜 시간 동안 개발의 혜택을 받을 수 없었다. 1990년대말에 들어서서야 건축 규제가 완화되면서 빌라들이 들어섰고 그때부터 한옥과 빌라가 더부살이를 하게 되었다. 때문에 서촌에는 한옥들이 섬처럼 옹기종기 모여있고 또 그 곁에는 빌라들이 층층이 들어서 있다.

최근에는 서울시가 경복궁의 서쪽, 청운·효자·통의동 일대에 대한 한옥 보존 대책을 발표했는데, 이에 실망하는 주민이 적지 않다. 대부분의 주민들이 개발에 대해 기대감을 품고 있었던 터라 실망감이 컸던 모양이다. 한옥에서의 삶이 쉽지만은 않은 이유도 있을 것이다. 보수도 어렵고 매매도 쉽지 않기 때문이다. 서울에 사는 대부분의 사람들은 한옥에 대한 판타지가 있다. 최근 한옥에서의 삶이 주목을 받게 되면서 더 그렇게 된 것 같다. 더욱이 30~40대의 시민이라면 더할 것이다. 하지만 오랜 시간 이곳에서 생활해온 분들은 고개를 절레절레 젓는다. 한옥에서의 삶이 힘든 점도 있음을 모르고 하는 소리라는 것이다.

한편 그런 거주 형태와는 별개로 상점이 모여있는 거리가 있다. 오래 전부터 이곳에 자리잡은 상가를 중심으로 옆으로 옆으로 뻗어 나와 형성된 곳이다. 최근 이곳 특유의 분위기가 있는 카페, 식당을 좋아하는 사람들이 모이면서 서촌이 북적이고 있다. 이런 현상에 대해 막상 그곳에서 살고 있는 사람들은 어떻게 생각하고 있을까?

서촌에서 디자인스튜디오를 운영하고 있는 디오브젝트, 스페인에서 돌아와 카페와 디자인스튜디오를 겸하고 있는 와이샵, 서촌 토박이인 설재우 씨, 그리고 서촌의 유일한 영화관인 옥인상영관을 방문해보기로 했다.

먼저 디오브젝트의 두 디자이너를 만나러 스튜디오를 찾았을 때 웃음이 났다. 스튜디오 바로 아래층에 피아노 학원이 있는데 계단에 아이들의 신발이 가득 차서 그 신발들을 피해가며 한발한발 올라가다 '그래, 여기가 서촌이구나.' 하는 생각이 들어 그만 웃음보가 터진 것이다. 서촌은 아직까지 고즈넉하고 순박한 인상의 동네여서 아이들이 살기 좋은 곳 같다고 생각했다.

디오브젝트의 스튜디오는 창문이 아주 많고 특히 인왕산 쪽으로 창문이 나 있어서 전망이 좋다. 영감이 절로 떠오를 것도 같고 많은 업무를 처리하고 나서 잠시 쉴 때도 창밖을 보면 힐링이 될 것 같은 느낌이 들었다.

동갑내기 친구인 두 디자이너는 서촌에 대한 일종의 로망이 있었다고 한다. 예전부터 독립을 하게 되면 서촌에 살아보고 싶다는 생각을 갖고 있다가 이곳에 터전을 잡게 되었다고 한다.

디오브젝트는 일상에서 수집한 오브제를 통해 우리의 경험과 기억에 대해 이야기한다는 뜻에서 '사물'을 뜻하는 디오브젝트를 팀명으로 정하게 되었다. 그들은 최근 오픈하우스 방식으로 서촌에서 열렸던 〈오픈하우스 서촌〉 (건물 내부를 공개하는 '오픈하우스' 방식을 가져와서 단지 서촌의 건축물만이 아닌 사람과 이야기를 만나게 해주는 축제다.) 축제에 대해 이야기하며 요즘 서촌이 갑작스레 주목받고 있는 현상에 대한 생각을 들려 주었다.

주영 서촌의 한 골목에 위치한 헌책방인 가가린이 생기게 된 유래를 아세요? 처음 그곳에 부동산인가 식당인가 하여간 이 동네의 분위기와 맞지 않는 가게가 생긴다고 해서 같은 골목에 위치해 있는 갤러리 팩토리, 북카페인 MK2, 워크룸 스튜디오 이렇게 세 곳에서 공동투자를 해서 공간을 차린 거예요.

혜림 공동투자에 대한 이야기는 들었습니다.

주영 그 사람들의 행동에서 이 동네에 대한 애정과 동네 문화를 지키려는 노력들이 엿보이는 것 같았어요.

혜림 역시 커뮤니티로 인해 보호나 방어 같은 게 되는 것 같아요.

주영 보호나 방어도 물론 필요하지만 지금 예와는 달리 이러한 활동의 의미가 잘못 전달되서 폐쇄적인 이미지로 비춰질까 걱정되기도 해요. 갤러리 팩토리 분들도 말씀하시는 게 "이웃이라는 것이 내 옆집에 살아야 이웃이 아니라 마음을 나눠야 이웃이라고, 물질적으로 이웃인 것이 아니지 않느냐고. 그래서 서촌이라고 하는 단어로 묶이는 것도 썩 좋지는 않다."라고 하셨는데 저도 이 말에 동의해요.

성관 게다가 요즘 매체들을 보면 그런 걸 조장하는 느낌이 들어요. '서촌이 뜬다!'라든지 '계동을 주목하라!'라든지 그런 자극적인 제목으로 안 좋은 문화를 오히려 조장하는 느낌이 들죠.

서촌의 모습이 좋아 이곳에 정착하게 된 디오브젝트는 서촌의 변화에 제법 민감하다. 자본에 의해 빠르게 잠식당한 다른 동네의 모습과 서촌이 겹쳐지는 것을 원치 않는다. 하지만 그런 것은 물론 인위적이기는 하지만 한편으론 너무나 자연스러운 흐름이기에 막을 도리는 없다. 막으려 한다거나 결집하려 하는 순간 오히려 굉장히 폐쇄적인 곳으로 보일 우려가 있기 때문이다. 무엇이 되었건 그들은 지금의 여유롭고 조용한 서촌을 사랑한다.

디오브젝트의 사무실 창 너머로 허물어진 집을 보았다. '한옥섬' 한 가운데 있는 어느 집 두 채였는데 모두 허물고 새롭게 리모델링을 하는 듯 보였고 그중 한 집은 지붕까지 뜯겨 그 속이 여과 없이 다 드러나 보였다. 이 동네에서는 쉽게 볼 수 없는 공사가 한창 이뤄지고 있었다.

#옥인상영관

옥인동에는 서촌에서 오랫동안 살다가 재개발 예정지로 설정되면서 집수리도 어려워지고 집도 낙후하자 집주인이 이사를 떠나 비어버린 집이 있다. 약 5년 정도가 지나 폐가가 되어버린 그 집을 본 집 주인의 친구들이 그 공간을 의미 있게 사용하자며 힘을 모았다. 그리고 그곳은 올 3월 '옥인상영관'이라는 이름으로 새롭게 태어났다.

'대중들의 관심 밖이 되어버린 독립영화이지만, 독립영화를 만드는 사람들이 모여 이야기를 나누는 이 공간이 점차 대안공간이 되어서 다시금 대중들의 관심을 받게 되었으면 좋겠다'는 옥인상영관. 언제든 재개발이 확정되면 떠날 수 있도록 보수에 큰돈은 들이지 않았고 대부분 친구들의 사비로 충당했다고 한다. 다섯 명이 함께 운영하고 있는 옥인상영관의 핵심 시설인 빔 프로젝터는 기증받았고, 상영관 의자는 편의점에서 쓰는 플라스틱 의자이다. 가정집의 거실이던 곳은 카페처럼 이용되고 있다. 5천원의 이용료만 내면 영화도 마음껏 볼 수 있고 음료도 한 잔 마실 수 있다.

이곳이 재개발 예정지가 된 것은 거의 10년 전의 일이다. 하지만 예정만 되었을 뿐이라고 한다. 세종대왕의 탄생지가 있고 겸재 정선이 살던 인곡정사도 있다. 또, 윤동주 시인의 하숙집이나 이상의 생가도 있다 보니 이런 흔적들을 묻어버린 채 개발하는 것에 반발하는 주민들도 있어 개발에 어려움을 겪고 있다고 한다. 어느 주민들은 이미 기다림에 지친 탓인지, 기대를 하면서도 거의 포기 상태인 것 같다고 했다.

빈집에 숨을 불어넣은 옥인상영관에 많은 사람들이 모여 독립영화에 대한 이야기로 꽉 차게 되길.

한편, 이곳의 재개발이 더디게 진행되고 있는 이유는 무엇인지 알아 보았다. 주민들의 말에 의하면, 약 10년 전쯤에 재개발 예정지로 선정되었지만 추진 과정 중에 한옥 열풍으로 땅값이 오르고 투기하는 세력도 생겼다고 한다. 하지만 재개발을 앞두고 어차피 집을 허물게 될 것이라고 생각한 사람들이 낙후한 한옥을 수리하지 않은 데서 문제가 시작되었다는 것이다. 이런 저런 재해들로 한옥은 무너져가고 있었다. 그런데 관리를 지속적으로 하지 않다 보니 집의 노후화가 빠르게 진행되었고 그렇다 보니 사람들이 집을 떠나기 시작하여 결국 빈집이 늘어나게 되었다. 그리고 이런 와중에 역설적으로, 한옥을 살리겠다는 한옥 보존 정책이 발표되어 재개발의 꿈이 무너지게 된 것이다. 2010년에 한옥 보존 정책에 대한 지구 단위 계획이 발표되었는데 서촌 지역에 대해선 한옥을 헐더라도 다시 지어야 한다는 등의 제한이 생기게 된 것이다. 또한 이런 정책과 더불어 부동산 경기가 침체되면서 한옥을 구입하려는 수요가 줄어들게 되었다고 한다.

그리고 이렇듯 팔지도 세를 놓지도 못하는 상황에서 서촌의 주민들은 한옥을 떠나기 시작했다. 이런 상황에 대해 옥인상점을 운영하는 서촌 주민 설재우 씨는 지금이야말로 서촌의 오래된 이야기와 사람에 주목해야 한다고 말한다. 유명한 사람들이 말하는 서촌이 아니라 오래된 사람들이 말하는 오래된 서촌과 만나야 한다는 것이다.

옥인상점
인터뷰어. 혜림 / 인터뷰이. 옥인상점

혜림 지금의 서촌은 어떤가요?

옥인상점 재개발 중에 건물들이 낙후해서 생기는 재개발이 있죠. 이곳이 그렇습니다. 개발에 있어 중도는 필요하다고 봅니다. 개발되면서 보존이 되야 할 곳은 보존이 되야 하죠. 하지만 개발이 아니더라도 발전은 불가피합니다. 동네 지역 주민으로서 오래 살았던 사람들의 생각을 안다면 이 말에 동의할 겁니다. 물론, 동네가 유명해지고 하는 것은 단편적인 면인데. 예쁘고 조용한 카페나, 작업실이나 상점들로 초점이 맞춰지는 것에는 문제가 있어요. 단지 내가 아는 좋은 공간들이 알려지고 유명해져서 사람들로 북적이지 않을까 하는 걱정이 들 수도 있지만 가게나 지역이 유명해지는 것을 개인이 막을 수는 없죠. 더욱이 오래된 동네가 이제야 주목받는 것에 대해서는 막을 수가 없어요.

그의 말을 듣고 조금 놀랐다. 주민으로 살고 있는 사람들의 시각과 서촌의 모습에 반해 이곳에 터를 잡기를 원하는 사람들의 그것은 확연하게 달라 보였기 때문이다.

마지막으로 소개하려고 하는 와이샵은 이 두 관점을 섞어놓은 듯한 관점으로 서촌을 바라보고 있었다. 흥미로운 점은 와이샵의 두 주인장은 젊은 시절을 바르셀로나에서 보내고 2012년 봄에 돌아와, 서울을 그리고 서촌을 새롭게 바라볼 수 밖에 없다는 점이다. 그런 그들이라 스페인과 서울을 비교할 수 있었다.

혜림 서촌에서의 삶에서 바라는 점은 무엇인가요?

와이샵 기존에 계시던 분들 중에는 서촌 고유의 모양을 잃어버릴까 걱정하시는 분들이 많더라고요. 저희는 재미있는 곳들이 더 많이 생겼으면 좋겠어요. 재미있는 곳이 많이 생겨나면 또 다른 형태로 발전해나가면서 무관심 속에 망가지는 일은 줄어들지 않을까 생각해요. 혹여 망가진다하더라도 그만큼 지켜질 수 있는 부분도 있지 않을까요? 예를 들면 무관심 속에서 망가져가는 한옥들이나 동네의 모습들이 재조명된다면 사람들도 관심을 갖게 되겠죠. 물론 재개발이나 무분별한 상업화는 문제가 되긴 하겠지만요.

혜림 그럼 예전에 사셨던 바르셀로나의 Gracia와 서촌은 어떻게 다른가요?

와이샵 Gracia는 예전 모습을 많이 갖고 있는 동네인데요, 관광객과 기존 주민들이 균형을 이루고 있죠. 물론 그곳도 많은 관광객으로 인해 기존 주민들이 불편을 겪기도 해요. 하지만 여름에는 동네 전체가 함께 축제를 하면서 거리를 꾸미고 서로 융합하는 모습들이 있어요. 그게 또 하나의 이벤트가 되고요. 이번에 서촌에서 열렸던 축제인 〈오픈하우스 서촌〉도 조금은 비슷한 움직임이 아니었나 싶어요. 이런 행사가 지속적으로 발전하길 기대하고 있고요.

서촌의 모든 사람과 이야기를 나눠볼 수는 없었지만 어떤 방식으로든 서촌을 사랑하는 사람들과의 대화를 통해 많은 것을 느꼈다. 어떻게 바뀌더라도 그곳은 여전히 서촌이고, 그들은 서촌을 사랑할 것이다. 그렇기에 그들이 사는 서촌을 계속 지켜보자. 그리고 더 가꾸자. 무관심 속에 얼룩져 무너지지 않도록.

문화 여행
02

역사 속 공간들로의
시간 여행

151번 간선버스

서울은 늘 공사 중이다. 내가 태어난 시대 이전부터 경제성장화 정책으로 인해 모든 것이 빠르게 개발되고 발전되어 왔다. 그 과정 속에서 재개발 사업은 맹목적으로 이루어지고 있다. 옛 정취를 간직한 곳을 쓰레기 쓸어버리듯 모두 밀어버리곤 똑같은 형태의 아파트를 짓는데 정신이 팔려 있다. 어딜 가나 포크레인이 흙을 퍼내 벌거벗은 흙밭이 널려있고, 콘크리트를 뚫는 굉음도 어렵지 않게 들을 수 있다. 그런데 이 시점에서 다시 한 번 생각해볼 것이 있다. 정작 서울 사람들이 서울이 이렇게 획일화되는 것을 원하는가? 하는 것이다.

옛 모습을 찾아 151번 간선버스를 타고 시간 여행을 떠나보기로 했다. 이 버스를 타고 가다 보면 과거와 현재가 공존하는 지점 내지는 과거의 모습을 간직한 곳들을 많이 만날 수 있다. 여기에서 다루지는 않겠지만 현재 신사동의 가로수길은 제2의 명동으로 변해가고 있다. 처음에는 개성 넘치고 아기자기했었지만 자본의 유입으로 대기업 브랜드들에 점령 당하는 지경에 이르렀고 관광객을 대상으로 하는 화장품 로드숍도 증가하는 추세다. 삼청동은 어떠한가. 그곳 또한 머지 않아 비슷한 모습으로 차차 변해갈 것이다.

처음에는 그곳만의 개성을 가지고 가꿔지던 곳들이 점차 비슷해지고 있다. 이는 단순히 한 동네에 국한되는 현상이 아니다. 서울 전체가 비슷한 흐름 속에서 똑같은 형태로 획일화되고 있다. 길음뉴타운, 흑석뉴타운, 은평뉴타운…… 이제는 어디서나 '뉴타운'이라는 말을 쉽게 들을 수 있다. 하나의 기준을 향해 모두가 계속해서 똑같아지려고만 하고 있다. 그런데 모두가 똑같을 필요는 없다. 과거의 모습을 모두 덮고 없앨 필요도 없다.

151번 버스는 간선버스로, 흑석동에서 출발해 우이동을 종점으로 하는 버스다. 그중 아직도 옛 골목의 정취를 아스라히 간직하고 있는 흑석동 173번지, 그리고 쭉 거슬러 올라가 용산에 있는 전자상가와 청파동 골목길, 그리고 서울역, 창경궁, 대학로 그리고 우이동을 둘러보기로 한다. 모두 옛 향취를 간직하고 있어 정겨운 느낌이 드는 곳들이다.

버스에서 처음 내린 곳은 흑석역 부근이다. 9호선 흑석역 앞에 서면 중앙대학교병원을 기점으로 왼쪽에는 흑석뉴타운이, 오른쪽에는 흑석동 173번지가 자리잡고 있다. 흑석역을 따라 쭉 올라가다 언덕배기 쪽으로 올라가면 다양한 형태의 집을 만날 수 있다.

어떤 것은 연립주택식이고, 어떤 것은 개인주택, 어떤 집은 강변을 따라 최근에 지은 콘도형 아파트이다. 최근에 지어진 주거 형태를 제외하면 모두가 옛 모습 그대로인 듯하다.

빨래를 집 밖에 매달아 말리는 것도 오래 간 만에 보는 풍경이었고, 편의점보다는 동네 수퍼, 상회가 자리잡고 있는 모습에서도 옛 느낌이 난다. 일전에 정릉의 경우도 재개발 지역으로 지정되었었지만 주민들의 반대로 철회하게 되었는데, 이곳 흑석동 173번지도 그 같은 경우에 해당한다. 주민들은 이곳에 왜 아파트를 들이느냐며 반대를 했다고 한다. 결국 이곳의 시간은 지금 모습 그대로 보기 좋게 흘러가고 있다. 이 동네 골목에 들어서면 곳곳에서 정겨운 풍경들을 볼 수 있다.

담장을 따라 나무나 꽃들이 피어 있는데, 햇빛이 들면 그 그림자가 아주 장관이다. 햇빛이 따사로운 날이면 밖에 널린 엄마와 딸아이의 귀여운 빨랫감도 보인다. 땀이 맺힐 즈음 정상에 다다르면 보이는 한강은 막힌 숨통을 터주는 것만 같다. 일몰을 보기도, 야경을 보기도 하며 이들은 이렇게 소소한 행복 속에 살고 있다.

다시 버스에 올라타 용산으로 향했다. 초등학교 때까지만 해도 지금처럼 전자제품을 쉽게 살 만한 곳이 없어서 가족들과 나들이 겸 용산 전자상가에 가곤 했다.

그런데 그 뒤로는 대리점도 많아지고 인터넷에서 뭐든지 쉽게 구입할 수 있게 되어 용산을 찾는 일이 점점 줄어들었던 것 같다. 그래서 지금의 용산은 상권이 많이 위축되었다. 다시 찾은 용산은, 10년 개발 완성을 목표로 추진 중이라는 국제업무지구 사업으로 인해 공사가 한창이었다. 용산역과 전자상가 사이의 큰 땅은 모두 황무지로 변해 있었다. 긴 터널을 지나 가장 큰 전자상가에 들어갔더니 예전보다 시설이 많이 좋아진 것을 알 수 있었다.

물론 영업을 하지 않는 곳도 많았지만 예상처럼 암울한 수준은 아니었다. 그곳에는 전자상가 여러 개가 밀집해 있고 파는 물건들도 약간씩 달랐다.

생각해보면 옛날에는 이렇게 한 분야의 물건들이 몰려있는 곳에 와서 직접 물건들을 비교도 해보고 주인과 옥신각신 흥정하는 맛이 있었던 것 같다. 그런데 요즘은 인터넷에서 클릭만 하면 가격 비교도 알아서 해주고, 집까지 배송해주니 쇼핑이 편리해진 한편 무미건조해진 것 같다. 주인과 직접 부딪혀(?)가며 물건을 사는 것도 나름의 재미가 있었는데 말이다.

상가에서 나와 숙명여대 쪽으로 향했다. 그곳에 있는 청파동 또한 옛모습을 간직한 동네 중 한곳인데 그곳의 느낌은 흑석동과 비슷한 듯 달랐다. 따사롭고 조용한 느낌은 같았지만, 좀 더 고즈넉한 분위기랄까? 조용한 길목에 위치한 상회에도, 길을 가다 그늘이 진 곳에도 종종 놓여있는 의자들이

반가웠다. 주인 아주머니도 앉고, 지나가던 아저씨도 앉고, 그렇게 세월의 흔적이 보이는 아주 낡은 의자들을 만날 수 있었다. 마이크를 타고 흐르는, 꽃을 파는 아저씨의 음성이 들리고 청과물을 파는 트럭도 지나갔다. 작지만 귀여운 놀이터도 있었고 바로 앞에 낮은 건물이 있어 내 모습이 창에 비치기도 했다. 전반적으로 오밀조밀 작은 모양새를 갖춘 건물들이 귀엽고 좋았다. 미끄럼틀을 쭉 타고 내려와 앞을 보니 남산타워도 보였다. 최고의 조망권이 아닌가? 흑석동은 여의도 63빌딩과 함께 한강을 볼 수 있고, 집에서도 남산타워를 아주 쉽게 집에서도 볼 수 있다니 얼마나 좋은가. 이런 저런 풍경을 감상하며 걷다 보니 어느덧 서울역에 도달했다. (정말 가까워서 이 노선은 버스를 타지 않고 걸어도 좋을 것 같다. 날씨 좋은 날에는 산책 겸 걸어보자.)

서울역은 구청사와 신청사가 나란히 있어, 과거와 현재가 공존하는 느낌이 든다. 특히나 구 대우빌딩까지(비록 리모델링을 했으나) 그대로 있으니 더욱 그러하다. 예전엔 그 작은 구청사 안에 노숙인이며 행인이며 기차를 타려는 승객 모두가 뒤섞여 있었지만 역이 모두 신청사로 이전하면서 구청사는 문화 공간처럼 꾸며지게 되었다. 개인적으로는 구청사를 활용하고 있는 방법이 마음에 든다. 그 큰 공간을 가득 메우는 다양하고 재미있는 볼거리들이 새롭게 다가온다. 아마도 기존의 갤러리들처럼 틀에 박힌 화이트큐브가 아니기 때문일 것이다. 전시 장르도 다양한데다, 많은 사람들에게 쉽게 다가가려고 노력하는 공간이라고 생각한다. 시간이 되면 언제든 가서 전시를 관람해 보면 좋을 것이다.

한편, 신청사의 경우는 구청사와는 달리 완전히 새로운 형태로 지어져, 두 건물이 나란히 서 있는 모습을 보면서 과거와 현재를 한번에 만끽할 수 있다.

서울역 주변에는 신청사와 함께 버스환승센터가 아주 크게 자리잡고 있다. 이곳은 지리적으로, 다양한 곳에서 온 사람들이 또 다양한 곳으로 이동할 수 있는 곳이다.

그래서 버스 여행가인 나는 서울역을 좋아한다. 기차든 버스든 지하철이든 새로운 곳으로 떠날 수 있는 아주 좋은 요건을 가지고 있기 때문이다.

이제 그곳을 지나 중심지에서 을지로, 청계천을 지나 조금 더 위, 강북으로 가보자. 151번 버스를 타면 창덕궁과 창경궁을 지나게 된다. 2009년은 우리나라에 동물원이 생긴지 100주년이 된 해라고 한다. 그 시초를 찾아보니 1909년 일제강점기에 일본이 창경궁을 격하하여 창경원이라고 칭하면서 동물원이 첫 선을 보인 것이었다. 해방 후 정부는 1983년부터 1985년까지 식물원과 동물원의 일부를 이전하게 되면서 재정비사업을 시행하였고, 창경원에서 본래 이름인 창경궁을 되찾았다. 창경궁 복원은 이전의 동물사 등을 모두 철거하고, 창경궁의 본래 모습을 담은 〈동궐도〉를 기반으로 하였다. 그리고 당시에 동물사가 옮겨간 곳이 바로 지금의 과천에 위치한 서울대공원이다.

창경궁에 들어서면 많은 벚나무를 만날 수 있다. 벚나무는 매해 봄, 한국인들에게 '벚꽃놀이'라는 하나의 즐길거리 내지는 볼거리를 선사한다. 하지만 벚나무는 아이러니하게도 낭만과 함께 아픔과 한을 느끼게 하는 존재이다. 일제강점기에 일본이 제 나라의 혼이라며 획일적으로 심어놓은 나무이기 때문이다. 지금은 그러한 한의 정서는 묽어지고 낭만의 상징으로 변화되고 있다. 애초부터 그런 가운데 축제는 항상 화려했다. 지금도 매해 여의도, 석촌호수, 남산 등 다양한 곳에서 화사하고 아름다운 벚꽃들을 볼 수 있다. 아픔이 낭만으로 승화되어 아름다움을 간직하고 있는 창경궁의 풍경을 만끽하며 대학로로 향한다.

대학로는 1985년에 처음 대학로라고 명명되었다. 1975년도까지 서울대학교가 자리잡고 있다가 이전하게 되면서 변하기 시작했다고 한다. 동숭동은 한국문화예술진흥원을 시작으로 문예진흥원 미술관, 문예진흥원 예술극장(지금의 아르코 건물들) 등이 자리잡으면서 문화예술의 거리로 조성되기 시작했다. 이전에는 서울대학교 학생들과 교수들의 하숙집이 주를 이루었지만 이후 가난한 예술가들의 공간으로 바뀌게 되었다.

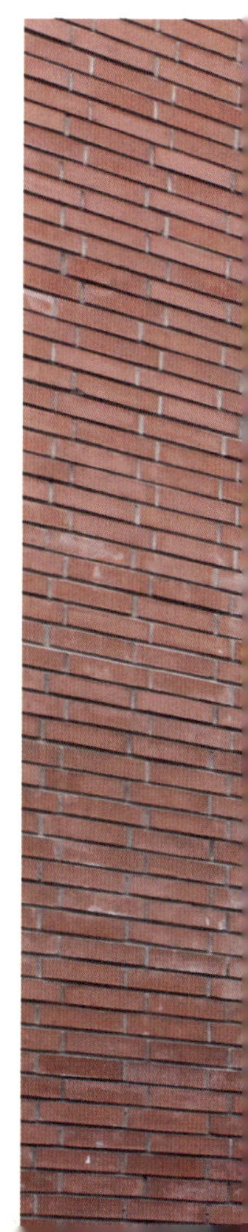

지금도 젊은 연극인들의 삶의 터전이 되어주고 있는 대학로에는, 찾아보면 근현대사의 산물들이 자리잡고 있다. 그중 낙산도 찾아볼만 하다. 마로니에 공원 안으로 대학로 언덕배기를 지나 10분 정도 오르다 보면 낙산공원과 산책길을 만날 수 있는데 맑은 날이면 서울 시내를 한눈에 바라 볼 수도 있다. 낙산공원은 2002년에 재정비되었다.

마지막으로 들를 곳은 우이동이다. 우이동은 삼각산의 소의 귀처럼 생긴 소귀봉(우이봉) 아래에 있는 마을이라 하여 지어진 이름이다. 지금이야 아이들이 소풍을 간다고 하면 대공원 같은 곳이나 놀이공원으로 향하는 경우가 대부분이겠지만 60년대에는 동물원이 있던 창경원이나 덕수궁, 우이동 등이 아이들이 가장 많이 찾는 소풍지였다고 한다. 우이동에는 4.19학생혁명 기념탑과 솔밭근린공원이 위치해 있다.

그중 솔밭근린공원에는 약 100년생의 소나무가 심어져 있다. 그것도 주택가 한복판에 말이다. 개포동의 양재천과 대치시민공원이 떠올랐다. 청담동에 위치한 도산공원과는 다르게 전적으로 아파트 부근에 조성되어 있는 이 솔밭근린공원이 얼마나 감사한 것인지 생각하게 되었다. 빼곡히 둘러싸고 있는 소나무 덕에 계속해서 솔내음이 주변을 감쌌다. 놀랍게도 이 공원은 꾸미거나 가꿔진 것이 아니었다. 북한산국립공원의 동쪽에 자리잡은 이곳은 사유지이고, 서울의 재개발 붐이 이어져 재개발 지역으로 선정되기도 했었다. 하지만 서울시와 강북구가 땅을 사들이고 시민 단체들이 강력하게 반발하면서 재개발로 인해 숲이 망가지는 것을 막을 수 있었다고 한다.

지금은 정비로 인해 숲이 공원으로 변화했지만 덕분에 산책로며 의자며 많은 것들이 생겨나 시민들에게 더욱 편안한 휴식 공간이 되어 주고 있다. 자연과 사람들을 이어주는 서울의 진정한 보물로 자리잡은 것이다.

이렇듯 서울에는 현재와 과거를 이어주는 그리고, 현재와 과거를 함께 보여주는 공간들이 많이 있다. 151번 버스와 함께 그곳들을 지나며 현재라는 선물에 감사할 수 있기를 바란다.

서대문구 가좌동에는 모래내시장이라고 하는, 역사가 깊고 유명한 재래시장이 있다. 하지만 최근엔 서대문구 재개발 착수와 함께 명맥만 유지하고 있다. 언젠가부터 대기업들이 서민들의 삶까지 파고들어와 재래시장을 다 집어삼켜 버렸다. 그런 때에 서울에 시티투어버스 하나가 신설되었다. 바로 전통시장을 도는 노선의 버스다. 이 버스는 관광객을 대상으로 운행하기 때문에 전통시장 외에도 많은 명소들을 지난다. 그러나 가격이 비싸고 가이드까지 동행하여 불편하기도 하다. 좀 더 편하고 자유롭게 재래시장을 돌아보고 싶다면 간선버스 163번을 타면 된다. 다양한 시장을 들르기 때문에 원하는 곳에 내려 구경하기에 좋다. 163번 버스는 월계동에서부터 목동까지 운행하는데 이때 장위시장, 경동시장, 서울약령시장, 청계천 일대의 시장들(풍물시장, 평화시장, 광장시장, 중부시장, 방산시장, 세운상가 등)부터 공덕시장까지 다양한 시장을 지난다.

163번 버스를 타고 처음으로 둘러보려 했던 시장은 월계동에 위치한 새석관시장이었다. 그러나 기대 속에 찾은 그곳은 충격적이게도 폐허가 되어 있었다. 상가를 새로 개조하는 듯해 보였다. 아쉬운 마음과 당혹스러움에 어찌할 바를 모르고 있었는데, 눈앞에 장위시장이 보였다. 가는 길부터 옛날의 느낌이 나는 것만 같았다. 마치 어느 정원을 옮겨놓은 것처럼 꽃으로 가득 찬 꽃가게도 있었고 야채가게도 보였다. 그 길을 따라 장위시장 앞에 섰다.

안으로 들어서자 싱싱한 채소며 과일이 눈에 들어왔다. 신기하게도 샛길마다 주택지로 연결되어 있어서 이곳에 사는 동네 주민들이 내심 부러웠다. 그런데 그 긴 전통시장 길 안에는 놀랍게도 마트 형태의 상점이 두 군데나 있었다. 바코드가 찍힌 물품을 파는 '마트'가 있었던 것이다. 그 모습이 그리 반갑지만은 않았다. 재래시장만큼은 계속 재래시장의 모습으로 남아야 한다고 생각했는데 그 안에서도 어쩔 수 없이 생기는 변화들이 눈에 띄었다.

다시 입구로 돌아가는 길에 사먹은 꽈배기는 정말 꿀맛이었다. 주인아저씨가 직접 만들어서 튀기고 설탕을 듬뿍 발라주는 그 꽈배기는 가격도 아주 저렴하여 먹는 내내 웃음이 떠나지를 않았다. 이런 손맛이 담긴 가게들이 계속 유지되면 좋겠다고 간절하게 바랐다.

　다음으로 향한 곳은 경동시장이다. 경동시장은 커다란 청과물 재래시장과 함께 바로 옆에 약재를 파는 약령시도 있다. 경동시장 근처에 다다르니 다양한 청과물을 팔고 있는 상점들이 보였는데 규모도 크고 사람들도 많았다. '재래시장이란 게 이런 거구나'하고 느낄 수 있을 만큼 재미있는 풍경들을 볼 수 있었다. 흥정하는 모습도 보이고, 가게 이웃들끼리 서로의 집안일을 이야기하며 함께 웃기도 한다. 맛있는 반찬거리나 청과물이 많이 있는 이곳을 나서니 한약재의 향이 코를 찌른다.

주변을 둘러보니 여기저기 드문드문 한약재 상들이 보였다. 쭉 걷다 보니 '서울약령시'라고 쓰여 있는 간판도 볼 수 있다. 이곳에서 국내 한약재 거래량의 70%를 담당하고 있다 하니 그 규모를 짐작할만 하다.

다시 버스에 올라타서 이동하려는데 청계천 가까이에 다다르자 다양한 가게들이 모여 있는 것이 눈에 띄어 무작정 버스에서 내렸다. 동묘에서 청계 7가 영도교까지 가판이 길게 늘어서 있었는데 알고보니 바로 서울 풍물시장이었다. 이 시장은 일명 도깨비시장이라고 불린다. '마누라 빼고는 다 판다'고 하는 시장이다. 정말로 가보면 별의 별것을 다 팔고 있어서 보는 내내 웃음이 나고 신기하게 쳐다보게 되기도 한다. 청계천을 개발하면서 황학동 주변에 있던 벼룩시장들이 동대문운동장 쪽으로 터를 옮겼는데 동대문운동장마저 헐리면서 길거리로 내몰린 상인들이 이곳으로 다 옮겨 오게 된 것이라 한다. 동묘에서부터 차츰 몸집이 불어나 청계천 시작 지점까지 커진 시장이다. 청계천 쪽으로 다시 돌아와 처음으로 만난 곳은 7가 영도교 구간에 위치한, 애완동물들을 파는 구간이다. 7가 쪽에 위치한 큰 지도에는 수족관 거리라고 쓰여 있었지만 물고기 외에도 조류, 설치류, 파충류까지 정말 다양한 종류의 동물들이 있다. 당혹스러우리만치 자그마한 수조에 빼곡히 차 있는 물고기들, 좁은 새장에 갇혀있는 새들, 설치류 동물들이 보였다.

걷다 보니 조금씩 신발가게들로 거리 풍경이 바뀌기 시작했다. 신발만 파는 가게들이 어느덧 길가에 오밀조밀 모여있고 그 안쪽 골목으로는 더 빼곡하게 자리하고 있었다. 다른 상점에 도매로 넘기기도 하고 또 다른 주문을 맡기기도 하는 등 다양한 형태로 판매를 하고 있었다. 물론 소매도 가능하다. 천천히 걷다 보니 어느덧 동대문 종합시장이 모여 있는 곳에 다다랐다. 이곳에는 평화시장들이 모여 있다. 동평화, 신평화 등의 다양한 수식어의 평화시장들이 모여 있는데 이곳에서는 다양한 옷들을 구경할 수 있다. 신진디자이너들이 디자인한 옷들이 모여 있는 곳도 있고 다양한 디자인의 기성복들을 만날 수도 있다. 그 사거리를 지나쳐서 걷다 보면 레저용품을 파는 구간도 나오고, 이제는 수가 많이 줄었지만 헌책들을 파는 헌책방들도 몇몇 명맥을 유지하고 있다. 그곳엔 다양한 책들이 있어서 목적을 갖고 가기보다 그냥 가서 좋은 책들을 만나는 것도 좋을 것이다. 패션 관련 서적이나 화집들이 많이 모여있지만 주인아저씨들이 재미있는 책을 많이 권해주기도 한다. 정가보다 저렴하게 구매할 수 있다.

슬슬 출출해질 때쯤 생각난 것이 있었으니, 바로 광장시장의 빈대떡이다! 광장시장에 갈 때마다 눈독만 들이고 한 번도 맛보지 못했는데 이참에 맛보기로 했다. 광장시장에는 다양한 식당이 있지만 대부분이 포장마차처럼 노점의 형태를 띠고 있다.

일명 마약김밥이라고 부르는 김밥을 파는 가게들도 있고, 족발, 순대, 떡볶이, 오뎅 등 다양한 음식을 파는 가게들도 많이 있다. 순대도 정말 굵은데 혼자서는 절대 먹을 수 없을 만큼 많은 양을 얹어주신다.

광장시장에는 구제시장도 있고 한복이나 돌상을 파는 가게들도 있다. 예전에 비해 가격이 많이 비싸지긴 했지만 다양한 구제옷들을 볼 수 있고, 재미있는 가게들이 많이 모여있다. 바로 건너에는 방산시장과 중부시장이 있는데 방산시장에는 다양한 포장 재료들이나 홈베이킹용 재료들을 많이 판다. 그래서 방산시장은 여성들이 유독 좋아하는 시장 중 한 곳이기도 하다. 그리고 중부시장은 건어물 시장이라 대부분이 말린 식재료들을 팔고 있다.

오늘의 마지막 코스는 바로 공덕시장이다. 시장이라고 칭하기에 몹시 작은 크기에 놀랐지만 이곳의 족발은 꽤 유명하다. 시장이 작긴 하지만 시장 전체에서 족발을 판매하고 있고 상차림이라든가 가격이 모두 동일해서 어느 가게에 들어가도 맛있는 족발을 맛볼 수 있다. 어쩌면 이곳이야말로 전통시장의 모습을 오롯이 보여주고 있는 것 같다.

오랜 친구와 편하게 앉아 음식을 나누며 이야기꽃을 피울 수 있는 곳, 그리고 푸짐한 인정을 만날 수 있는 곳. 재래시장은 우리가 언제든 사람 냄새를 맡을 수 있는 곳으로 남았으면 한다. 시장성이니 경제관념이니 하는 것들을 떠나서 우리에게 정신적 풍요를 안겨주는 공간들이 계속해서 살아남을 수 있으려면 우리 모두의 관심이 필요하다.

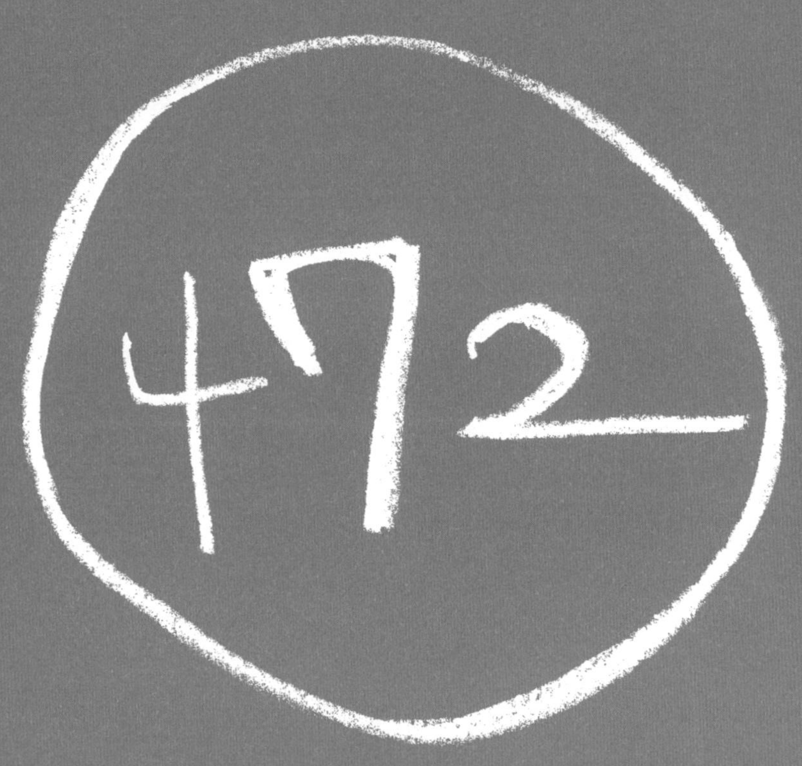

나의 이동 영화관
낭만의 도시 서울

472번 간선버스

서울은 생활인들의 도시이다. 여러 지역에서 미래에 대한 부푼 꿈과 기대를 가지고 온 사람들이 모인 거대한 '장'이기도 하다. 그런데 이 장은, 그냥 장이 아닌 '경기장'과 같다. 항상 전쟁을 치르듯 긴장 상태로 가득한 곳이 바로 서울이다. 새로운 내일과 설렘을 안고 이곳으로 왔지만 현실은 사람들 간의 각박한 관계와 지나친 경쟁, 인산인해뿐이다. 치고 치이는 사이에 사람들은 점점 미소를 잃고 무표정으로 바뀌어 가고 있다. 버스를 타면 모두가 시선을 아래로 향한채, 핸드폰만 만지작거릴 뿐이다. 이러한 순간을 마주할 때마다 나는 그런 현상에 합류하기 싫다는 유치한 이유로 허공을 바라보거나, 그런 사람들을 쳐다보며 '나는 달라!' 하고 애써 도도한 척을 하기도 했던 것 같다. 사람들은 열심히 스마트 폰으로 SNS를 통해 눈 앞에 없는 지인들과의 관계 형성에 힘쓰고, 그래픽으로 만들어낸 가상 카페를 꾸미고 경영한다. 정작 자신 앞에 보이는, 옆자리에 앉은 승객, 창밖에 펼쳐지는 아름답고 멋진 풍경들은 보지 못한다. 아니, 보지 않는다. 그때였나 보다. 내가 낭만을 외쳐댄 것이. 분명 이 표정 없는 버스 안에서도, 혹은 더 나아가 이 회색 도시에도 가슴 뛰는 낭만에 대한 이야기가 있지 않을까 하고 의심 반, 기대 반으로 찾아 나섰다.

놀랍게도 버스 안에서, 내가 생각하는 '낭만'에 가까운 에피소드를 가진 사람들을 만날 수 있었다. 그것이 사랑에 대한 이야기이든, 추억에 대한 이야기이든 내가 느끼기에 그것들은 무척이나 낭만적이었다. 그런 사연들을 접한 이후로 나에게는 왜 그런 일들이 일어나지 않았는지, 버스 애용가인 나는 왜 늘 무표정한 사람들만 마주하게 되는 것인지 잠시 생각해 보았다. 내가 꿈꾸는 버스에서의 낭만을 정의하자면, 버스에서 이성에게 연락처를 받는다거나(낭만이랑 로맨스는 떼어놓을 수 없는 관계라고 생각한다), 같은 사람을 같은 버스에서 여러 번 만나 인연이 된다거나, 동명이인이 옆자리에 타 인연이 된다거나 하는 일들이다. 왜 나에게는 이런 낭만적인 사건들이 일어나지 않을까.

때로는 그런 일을 상상하고 조금은 기대하며 버스에 오르기도 한다. 나에게도 예상치 못했던 특별한 일이 일어나지 않을까 하는 기대를 하면서 말이다. 게다가 이 글을 쓸 즈음에는 스스로 만족할만한 낭만적인 일을 겪은 후라야 한다. 그리고 그 낭만적인 사건을 장황하고 아름답게 풀어 쓰리라는 나름의 원대한 포부가 있었다. 마치 용맹한 기사가 무용담을 풀어 쓰듯이. 그러나 애석하게도 이 글을 쓰는 지금 이 순간까지 버스를 타면 그저 목적지에 도착하는 것으로 만족하는 중이다. 그런데 이런 일을 반복하면서 중요한 사실을 알아차렸다. 내게는 버스 안에서 벌어지는 다양한 행동과 상상 그 자체가 바로 '낭만'이었던 것이다. 노래를 듣거나, 책을 읽거나, 영화를 보거나, 전화도 하고, 자기도 하고, 때론 생각에 잠겨 고민하다가 울기도 웃기도 하는 등의 일상. 버스가 나라는 존재를 위해 때로는 도서관, 어떨 때는 영화관이나 침대 등 다양한 형태로 바뀐다니 얼마나 낭만적인가! 생각해보니 그것 자체로 낭만이다. 하지만 이중에서 나를 가장 설레게 하는 순간은, 버스가 '이동 영화관'이 되어줄 때이다. 실은 침대도 도서관도 작은 영화관의 세트에 불과하다. 내가 잠에 빠져들 때도, 좋아하는 시집을 들고 버스에 탔을 때도, 그것은 그저 나의 영화 속 한 신Scene일 뿐이니까. 내가 만들어가는 영화이니 무얼 해도 나만의 것이다.

기억에 남을 나만의 것을 만든다는 그 느낌이란 정확히 설명하기 어렵다. 버스에서의 장면들이 영상으로 남는 것은 아니지만 내 머릿속에 각인된다. 그래서 더 아름답게 기억된다. 돌아보면 정말이지 일상적인 것들의 연속이지만 그 속에서 발견하게 되는 비일상적인 순간은 소중하고 아름답다. 가히 낭만적이다.

이런 나의 생각들은 472번 버스와 정말 잘 맞아떨어진다. 472번 버스는 별칭이 많은 버스이다. 승객의 연령대가 가장 낮은 버스이고 대학가를 많이 돌기 때문에 '스쿨버스'라고도 불린다. 또한 이대를 지나기 때문에 예쁜 여학생들이 많이 탄다하여 '여탕 버스', '꽃마차'라고도 불린다. 472번 버스는 과거에 좌석버스 12번이었는데 운행요금이 비싸 '노블리안 리무진'이라고도 불렸고, 오렌지족이 많이 탄다고 해서 '오렌지 버스'로도 불렸다. 그도 그럴 것이, 개포동을 시작으로 압구정을 지나 한강을 건너서 신촌으로 넘어오는 터라 예나 지금이나 젊은이들이 좋아할 명소들을 지나기 때문이다.

게다가 서울에서 극명하게 다른 두 지역을 지난다는 점도 굉장히 매력적이지 않은가? 강남의 최신식으로 매끈하게 다듬어진 거리와 초고층 건물들을 지나 강북으로 올라오면 젊은이들이 만들어내는 자유분방한 분위기를 느낄 수 있다.

나에게 있어서 472번 버스가 지나는 장소 중 가장 낭만적인 곳은 두 군데가 있다. 먼저 중앙시네마이다. 다양한 영화를 상영하던 곳으로써의 중앙시네마는 2007년 멈춰서고, 독립영화를 상영하는 스폰지하우스로 새로이 명맥을 이어 나갔었다. 그러던 것도 2010년에 결국 영업을 중지했다. 아직도 아무 인적도, 변화도 없이 그 자리를 지키고 선 중앙시네마는 보고 있으면 기분이 묘해진다. 늘 곁에 있던 것이 사라지는 순간의 그 변화는 참을 수 없는 묘한 감정으로 되돌아온다. 비록 중앙시네마의 엔딩크레딧은 올라갔지만, 많은 사람들이 그 아쉬움을 달래지 못하고 삐뚤빼뚤 손 글씨로 흔적들을 남기고 간다. 그 흔적들을 기반으로 지난 영화관과의 기억들을 되새기다 보면 어느새 멜랑콜리한 기분에 휩싸이게 되는 것이다.

나의 추억과 다른 사람들에 의한 기억들이 합쳐져 새로운 느낌으로 변모하기 때문이다. 이곳이 어떤 곳으로 변하게 되든, 웃으며 반겨주리라.

두 번째는 한강이다. 시간대별로 명확히 다른 사람들, 명확히 다른 강물의 빛깔이 나를 설레게 한다. 한남대교를 지나면서 한강을 바라보면 언제나처럼 사진을 찍게 된다. 강을 사이에 두고 달동네와 번지르르한 아파트들이 우뚝 솟아 있다. 이런 대비되는 모습은 그리 낭만적이지는 않다. 하지만 따로 떼어놓고 보자면, 높게 솟은 달동네의 작은 집들이 모여 있는 모습이 보기 좋다. 노을이 질 무렵, 까만 실루엣의 그곳은 마치 유럽 어딘가에 온 듯한 느낌을 주기도 한다. 낭만이라는 것은 평소에 느끼던 대로 세상을 보지 않을 때 생기는 것이다. 은회색 빛깔의 강물이 햇빛을 받아 눈이 부시도록 반짝인다든가, 노을이 질 무렵 강물이 빨개지는 순간들 말이다. 낮에는 어수룩한 느낌의 달동네가 노을이 지면서는 아름다운 유럽을 떠올리게 하는 것 또한 그러하다. '이동 영화관'인 버스도 마찬가지다. 버스를 그저 이동의 수단으로만 생각하지 않기를 바란다. 때로는 일상 속에서 예측할 수 없는 아주 낭만적인 일들을 꿈꾸고 겪게 될지도 모른다는 설렘을 갖고 버스에 오르길 바란다.

버스 안에서 우리는 늘 새로운 사람을 만날 수도 있고, 기적처럼 훈훈한 정을 나눌 수도 있다. 어쩌면 이성이 쪽지를 건네줄지도 모른다. (그것이 비록 전도를 위한 쪽지라도 한 번 웃어 넘기자.) 다른 날 같은 번호의 버스를 타면 당신은 그 일을 기억하며, 혹은 추억하며 웃음 지을 수 있을 것이다.

그러나 현실은, 너무나 지쳐 누구와도 이야기하고 싶지 않은 사람들, 업무에 치여 이 버스라는 공간에서 집으로 향할 때까지라도 아무것에게도 아무에게도 방해받고 싶지 않은 사람들이 대부분이다. 어쩌면 그래서 사람들이 손 안의 세상에만 빠져 있는지도 모르겠다.

하지만 그럴수록 재미있는 상상을 해보길 바란다. 그리고 바닥에서 시선을 떼서 창밖을, 주위를 둘러 보자. 지금 당신이 탄 버스 안에서는 손 안의 세상에서 펼쳐지는 이야기들보다 더 재미있고 따뜻한 이야기들로 가득 차 있을 테니까.

오늘도 버스는 달린다. 다양한 이야기를, 낭만을 담기 위해, 다양한 사람들을 만나기 위해, 그리고 당신을 만나기 위해.
어서 오세요! '이동 영화관'에 잘 오셨습니다.
좌석에 편히 앉으시고 즐거운 관람되시길.

문화 여행

2010년 3월에 서울 대중가요에 관한 전시가 열린 적이 있다. 그때는 그런 전시가 있다는 것을 몰라서 직접 가서 보지는 못했다. 인터넷을 통해서만 관련 정보를 접하게 되었는데 그 소재가 매우 재미있었고 버스와 연관을 지을 수 있겠다는 생각이 들었다. 2010년의 집계 결과, 1908년의 곡 〈경부철도가〉에서 시작해서 서울을 소재로 한 노래는 1,142곡이나 된다고 한다. 그중 제목에 '서울'이 들어가는 곡은 544곡, '명동'이 85곡, '한강'이 70곡, '서울역'이 55곡, '남산'이 40곡 등의 순이다. 또한 서울을 노래한 가수는 773명이나 된다. 1945년 이전까지는 노래의 배경이 종로와 한강이 주를 이루다가 명동, 광화문, 영등포 등으로 넓어지고 서울을 중심으로 한 많은 음반사와 음악다방이 생겨났다고 한다. 서울에 살면서, 그리고 현대를 살면서 사랑 노래나 댄스곡 등을 많이 들어왔는데 서울을 소재로 한 노래가 1백 년이 안 되는 시간 동안 약 1천여 곡 이상 만들어졌다는 것이 신기하고 흥미로웠다.

그리고 143번 버스를 떠올리게 되었다. 버스 노선의 아래로 향하면서 요즘 나온 노래들의 배경이 된 장소들도 많이 만날 수 있다(물론 전부 시대순에 따른 것은 아니다). 버스를 타고 창밖을 바라보며 노래를 감상해보면 어떨까? 노래의 모티프가 된 동네를 지날 때 그 가사를 잘 듣고 스토리를 상상해보면 더 좋을 것 같다.

143번 버스는 정릉에서 출발해서 고속터미널을 지나 개포동까지 가는 노선이다. 이 버스를 타면 수많은 동네의 정류장에 정차하지만 여기서는 그중에서도 미아동, 혜화동, 종로, 용산, 신사동, 압구정동을 노래한 곡을 중심으로 다루려 한다.

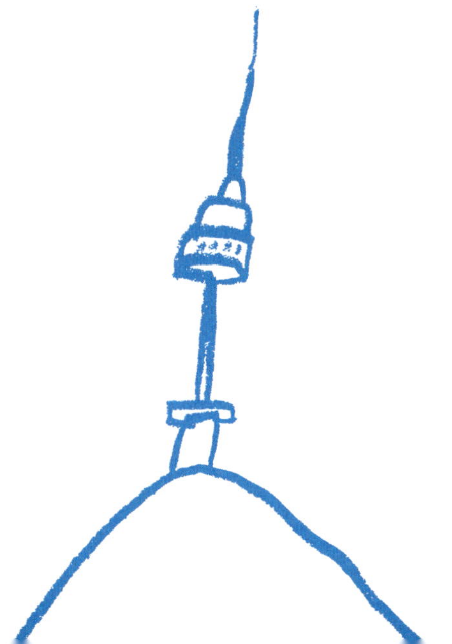

미아리 눈물고개 님이 떠난 이별고개
화약연기 앞을 가려 눈못뜨고 헤매일때
당신은 철사줄로 두손 꼭꼭 묶인채로
뒤돌아보고 또 돌아보고 맨발로 절며절며
끌려가신 이 고개여 한많은 미아리고개

아빠를 그리다가 어린 것은 잠이 들고
동지섣달 기나긴 밤 북풍한설 몰아칠때
당신은 감옥살이 그 얼마나 고생을 하오
십년이 가도 백년이 가도 살아만 돌아오소
울고넘던 이 고개여 한많은 미아리고개

〈단장의 미아리고개〉 노래. 이해연

처음으로 소개할 노래는 이해연이 부른 〈단장의 미아리고개〉이다. 한국 전쟁이 끝난 후인 1956년에 발표된 트로트 곡이다. 이 곡에는 역사적인 사실들이 많이 녹아있다. 제목에 있는 '단장(斷腸)'은 창자를 끊어내는 고통을 말하는데 이 곡의 가사를 쓴 반야월 선생의 개인적인 경험에서 비롯된 곡이라고 한다. 당시 피난 길에 어린 딸을 잃은 이후 이별이라는 주제로 가사를 쓴 것이다.

이 노래는 매우 구체적이며 애달픈 사연을 담고 있다. 철사로 손을 묶이고 맨발로 다리를 절면서 자꾸만 뒤를 돌아보며 끌려가는 남편의 모습을 묘사하고, 그를 기다리는 부인은 남편이 살아서 돌아오길 바라는 모습을 그리고 있다. 또한 1, 2절 사이 간주 부분에는 가수 이해연 씨가 남편을 애타게 부르는 대사도 삽입되어 있다. 이 노래는 오아시스 레코드사에서 발표하였는데 당시 전쟁과 그로 인한 비극에 대해 토로해 큰 사랑을 받았으며 이해연 씨의 대표곡이 되기도 하였다. 이후 노래가 너무 유명해진 나머지, 미아리고개가 슬픔과 눈물과 한의 고개로 각인된다는 이유로 성북구청이 동명을 '미아동'이라고 바꾸었다는 일화가 있을 정도였다. 돈암동의 미아리고개 정상에 위치한 소극장 '아리랑아트홀'에는 노래 가사를 새긴 노래비가 새겨져 있다.

155 오늘은 잊고 지내던 친구에게서
전화가 왔네
내일이면 멀리 떠나간다고
어릴 적 함께 뛰놀던 골목길에서
만나자 하네
내일이면 아주 멀리 간다고

덜컹거리는 전철을 타고 찾아가는 그 길
우린 얼마나 많은 것을 잊고 살아가는지
어릴 적 넓게만 보이던 좁은 골목길에
다정한 옛 친구 나를 반겨 달려오는데

어릴 적 함께 꿈꾸던 부푼 세상을
만나자 하네
내일이면 멀리 떠나간다고
언젠가 돌아오는 날 활짝 웃으며
만나자 하네

내일이면 아주 멀리 간다고
덜컹거리는 전철을 타고 찾아가는 그 길
우린 얼마나 많은 것을 잊고 살아가는지
어릴 적 넓게만 보이던 좁은 골목길에
다정한 옛 친구 나를 반겨 달려오는데
랄라라 많은 것을 잊고 살아가는지
우린 얼마나 많은 것을 잊고 살아가는지
라랄랄라

〈혜화동〉 노래. 동물원

이 노래를 들으며 살짝 마음이 먹먹해질 즈음, 우리를 태운 버스가 '혜화동 로터리'를 지난다. 혜화동은 연극과 공연을 즐길 수 있는 문화의 거리, 대학로가 있는 곳이기도 하다. 아마 7080세대에게는 지금의 대학로와 혜화동이 낯설지도 모른다. 예전 대학로의 모습은 지금과는 달랐을 테니까. 동물원이 부른 〈혜화동〉은 이미 많이 변해버린 혜화동에서의 옛 추억을 불러일으키는 것 같다. 노래 가사가 어딘가 자연스레 낭만과 노스텔지어를 떠오르게 한다. 이 노래로 인해 '혜화동'은 개인의 감정이 이입되는 공간으로 변모한다. 누군가에게는 옛 동네 친구들을 떠올리게 하고, 누군가에게는 옛 동네 자체를 생각나게 할 것이다.

기타를 사겠다는 여자친구 얘기에
이것저것 꼼꼼하게 따져봤어
마침내 딱 맞는 놈을 찾았어 낙원상가에서

인사동에서 만나 구경 좀 하고서
제일은행에서 현금을 뽑고서
그 애는 막 떨린다며 내 손을 꼭 잡았지

하지만 계단을 올라오자마자
그 애는 말했지
(오빠. 나 저 헬로키티 기타 살래)
Oh~ Shit

뮤지션의 낙원상가
충동구맨 제발 삼가 No No
헬로키티나 뿌까뿌까랑
너랑 참 잘어울린단걸 알지만

오늘은 그냥 갈까
Paradise Paradise Paradise

뮤지션의 낙원상가
지하철역 종로3가 Yeah Yeah
기타를 살까 꾹꾹일 살까
들린김에 기타 피크라도 살까

오늘은 그냥 갈까
Paradise Paradise Paradise

〈낙원상가〉 노래. 바비빌

그 기분을 머금고 감상하다 보면 버스는 종로로 향한다. 여기서는 잠시 종로에 대해 유쾌하게 푼 노래를 소개해볼까 한다. 바로 종로 3가에 위치한 '낙원상가'를 소재로 한 바비빌의 〈낙원상가〉라는 노래이다.

낙원동에 위치한 악기종합상가인 낙원상가는 음악을 하는 이라면 거쳐야 하는 관문과도 같은 곳이라고 한다. 굳이 악기를 사려고 하지 않아도 한 번쯤 가서 둘러보면 재미있는 경험이 될 것이다. 어쩌면 노래 속 여자처럼 우연히 마주친 키티그림의 기타를 보고 사게 될지도 모른다. 두 손 무거이 하고(?) 다시 버스에 올라타자.

낙원아파트
허리우드클래식·서울아트시네마
Sachoom
사춤전용관
02-3676-7616
실버영
영화의 집
시네마테크
서울아트시네마
CINEMATHEQUE
SEOUL
ART CINEMA
낙 원 악 기 상 가
지 하 시 장
사동길
sadong-gil

143번은 종로를 지나 강남으로 내려갈 때 남산터널을 이용하기 때문에 남산타워도 볼 수 있다. 그래서 이번엔 남산타워에 대한 노래를 소개하려고 한다. 남산타워를 바라볼 땐 기분이 좋아지기도 하고 굉장히 감성적이게 되는 편인데, 반면 이제 소개할 두 노래는 모두 어딘가 유쾌하고 흥이 난다. 첫 곡은 무키무키만만수라고 하는 여성듀오가 부르는 〈남산타워〉라는 곡이다. 어딘가 엉뚱하고 부정적인 시각에 웃음이 픽하고 났

었다. '이렇게 생각할 수도 있구나' 하고 말이다. 마치 달과 같이, 원치 않아도 계속 따라다니는(?) 남산타워를 노래했다는 점이 무척 재미있었다. 두 번째 곡은 UV와 다이나믹듀오가 함께 부른 〈남산워면〉이라는 곡이다. 이들은 남산과 이성에 대한 이야기를 엮었다는 것이 주목할만하다. 연인들의 데이트 코스로 손꼽히는 남산타워에 위트 있는 가사를 접목한 점이 흥미롭다.

어느새 한강을 지나고 있다. 남산타워와 더불어 서울의 또 다른 랜드마크이자 서울 시민의 휴식 공간인 한강. 젊은이들이 때론 삼삼오오 모여 맥주도 마시고 기타도 치면서 청춘을 노래하는 곳이 한강이다. 서울을 노래한 1천여 곡 중 70여 곡 정도 차지하던 한강에 대한 노래가 아마 지금은 더 많이 늘었을 것이고 그때와는 달리 재조명되고 있을 것이다. 최근 인디 뮤지션들에 의해 많이 불려지고 있는 한강에 대한 곡은 꽤 많아서 다 소개할 수는 없지만 여기서는 노리플라이의 멤버, 정욱재의 솔로 프로젝트인 튠의 노래 〈Across The River〉를 들어보라고 권하고 싶다. 노래 첫 부분에 흐르는 기타의 튕김이 마치 한강 물결이 반짝반짝 빛나는 모습을 연상시킨다. 개인적으로는 노을이 녹아든 한강이 떠오르는데 아마 듣는 사람에 따라 각자 다른 풍경의 한강을 떠올리게 될 것이다.

지금까지 현대곡을 많이 들었다면 옛 노래를 들으며 추억에 잠겨보는 것도 나쁘지 않을 것이다. 이 노래는 요즘 젊은이들이라도, 들어보진 않았어도 제목을 들으면 바로 무릎을 '탁' 칠 만한 것이다. 바로 주현미의 〈신사동 그사람〉이다. 정겨운 음색이다. 가사를 듣다 지금의 신사동을 떠올려보면 웃음이 날지도 모르겠다. 1980년대 전후로 한강 아래 지역, 그러니까 강남 지역에 신식 아파트들이 대거 지어지면서 땅값이 올라, 강남의 전성기가 시작됐다. 그런 점을 감안하면 신사동은 그때부터 멋쟁이들의 집합소였던 것 같다. 신사동을 지날 때 이 노래를 들으면서 옛 신사동의 이미지를 상상해보는 것도 좋을 것이다.

계속해서 지나게 되는 압구정에 관한 유명한 노래도 두 곡이나 있다. 바로 브라운아이즈의 〈비오는 압구정〉과 처진달팽이의 〈압구정 날라리〉이다. 앞의 곡은 고유명사처럼 비만 와도 떠올리게 되고, 비오는 날 압구정에 가게 되었을 때 듣고 싶어지는 곡이다. 두 번째 곡은 모 방송 프로그램에서 만들어진 노래인데 정말 큰 인기를 얻었던 노래다. 압구정은 예나 지금이나 진짜 멋쟁이들, 혹은 소위 날라리들의 아지트인 것 같다.

또한 영동교를 지나게 될 때에는 〈비내리는 영동교〉라는 곡을 감상해 보자. 이곡은 제목에 '비'가 들어가는 두 번째 곡으로, 듣다 보면 흑백 TV 시절의 드라마 속 간드러진 목소리를 가진 여자주인공이 대사를 할 것 같은 느낌이 든다. 〈비오는 압구정〉이 이별한 남자의 슬픈 감성이라면, 〈비내리는 영동교〉는 헤어진 연인을 생각하며 미련을 떨치지 못하는 여성의 감성이 녹아 있어 비교하며 감상하는 맛이 있을 것이다.

요즘 포털 사이트에서 음악 검색을 해보면 지금까지 소개한 곡보다 더 많은, 서울을 소재로 한 다양한 곡들이 나온다. 옛날과 지금을 비교해보면 곡을 만드는 관점이란 것이 많이 다르겠지만 서울을 노래한다는 지점에 있어서는 아마도 우리 삶의 반경에서 크게 벗어나지 않을 것이다. 앞으로도 서울찬가는 지금까지보다 더 많이 생겨날 것이다. 누군가는 꿈을 이루기 위해, 혹자는 꿈을 꾸기 위해 서울에 오지만 서울이 그저 '세계에서 몇 위로 성장한 도시'가 아니라 '세계에서 몇 위로 멋지고 살기 좋은 도시'가 되길 기대하며, 그런 염원을 담은 멋진 노래들이 계속해서 많이 만들어지면 좋겠다.

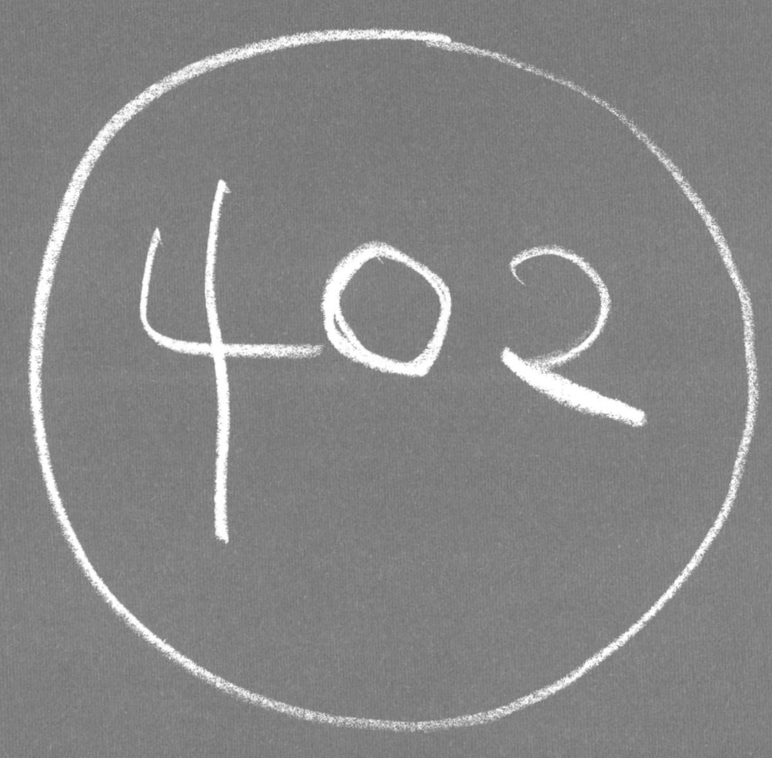
402

서울 전체가 미술관이 되는 순간
공공미술

402번 간선버스

문화예술진흥법에 따르면 '대통령령으로 정하는 종류 또는 규모 이상의 건축물을 건축하려는 자는 건축 비용의 일정 비율에 해당하는 금액을 회화, 조각, 공예 등 미술 작품의 설치에 사용하여야 한다.' 이는 미국의 공공시설의 건축 속 예술 프로그램과 프랑스의 1%법을 벤치마킹한 것으로 1972년에 제정되었다. 이후 1995년에는 대통령의 공약으로 선정되기도 했다. 그 후 우리나라에는 수많은 미술품들이 즐비하게 되었고 2010년도까지의 상황을 살펴보면 약 12,000여 점에 달하는 미술품이 설치되어 있는 것으로 나타난다. 이를 금액으로 환산하면 약 7000억 원에 이른다고 한다. 우리는 이들을 대부분 '공공미술'이라고 칭한다. 하지만 모든 작품이 미관을 좋게 하고, 공공미술이라는 이름에 걸맞은 이로움을 전하는 것은 아니다. 기업 방침과 목적성에 잘 맞는 것을 '적절히' 세워놓은 경우가 있는가 하면, 그냥 법에 따르느라 아무 것이나 세워둔 곳도 있다.

402번 버스를 타면 대기업 건물 앞에 세워진 다채로운 작품들을 만날 수 있다. 이 가운데에는 공공미술의 좋은 사례로 꼽히는 작품도 있지만 철거 논란으로 난항을 겪고 있는 작품도 있다. 이에 대해 혹자는 다양성을 인정하지 못하고 아름다움만을 중시하는 우리나라 사람들의 안목을 비난하기도 하고, 반대의 입장에선 미관을 해치고 눈에도 띄지 않는 것들은 가치가 없다고 주장하기도 한다. 이러한 공공미술에 대한 기준은 우리도 한 번쯤 고민해볼 가치가 있는 문제다. 기업가는 단지 법을 준수하기 위해 작품을 세웠을지 몰라도 그것을 보는 이는 우리 시민, 국민이기에 우리가 입을 열어야 한다고 생각한다. 우리는 권위적으로 강요하는 대로 작품들을 바라보고 있진 않은가? 개인적으로는 적어도 공공미술이라 칭해지는 작품이라면 화이트 큐브에 자리잡은 작품과는 다르게 친근함이 근간이 되어야 한다고 생각한다.

여기에 소개하는 작품들은 오브제의 형식을 띤 입체 작품들이다. 그냥 바라보는 정도로 그쳐야 하는 작품인 것도 있고, 직접 앉아 보고 만져볼 수 있는 작품들도 있다. 이 글을 읽으면서 402번 버스를 타고 직접 나가 느껴보면 더 좋을 것이다.

402번 버스는 광화문에서 장지동을 도는 버스이다. 이 노선을 이용하면 다양한 공공미술품을 만날 수 있다. 광화문에는 서울시의 대표적인 공공미술 작품인 〈해머링맨〉과 〈스프링〉이 있다. 〈해머링맨〉은 2002년 홍국생명이 미술가 겸 조각가인 조나단 브롭스키Jonathan Borofsky에게 의뢰하여 만들어진 작품이다. 우리나라를 포함하여 세계 7개국에 있는 조형물 중 규모가 가장 크다. 홍국생명이 노조 문제로 논란이 많았던 당시에 노동자를 상징하는 〈해머링맨〉을 본사 앞에 설치해 큰 효과를 얻어냈다고 한다. 그 후 다른 기업들에서도 그들의 방법을 너도나도 따라하게 되었다. 지금도 〈해머링맨〉은 그 지역의 대표적인 랜드마크로 자리잡고 있다(겨울에는 귀엽게도(?) 빨간 산타모자를 쓴 〈해머링맨〉을 만날 수 있다).

그 외에도 청계천 일대가 재건되면서 함께 자리하게 된 클래스 올덴버그Claes Oldenburg의 작품 〈스프링〉 또한 대표적인 공공미술품으로 꼽힌다. 〈스프링〉은 클래스 올덴버그와 그의 부인 코셰 반 브루겐Coosje Van Bruggen의 공동 작업으로 이루어진 작품이다. KT가 의뢰하여 약 34억원 가량을 들여 만든 후 서울시에 기증한 작품이라고 한다. 그러나 이렇게 고가의, 그리고 유명한 작가의 작품임에도 불구하고 〈스프링〉은 〈해머링맨〉과 다르게 비난의 여론을 피할 수가 없었는데 이는 장소적 특성과 어울림에 대한 문제 때문이었다.

〈해머링맨〉의 경우, 홍국생명이 가지는 기업의 이미지나 지향하는 바를 잘 결합하여 만들었다는 평을 들었다. 하지만 〈스프링〉의 경우는 청계천의 장소적 특성이나 분위기와는 잘 맞지 않는다는 평이 대다수였다. 두 작품은 광화문의 대표적인 공공미술 작품임에도 불구하고 영향력은 완연히 다르다. 관점에 따른 문제일 수도 있지만, 〈해머링맨〉의 경우는 작품이 주는 시각적인 감상의 묘미도 충분히 충족됨과 동시에 회사와의 연계성도 적절하다. 하지만 〈스프링〉의 경우 단순히 시각적인 재미만 추구한 것은 아닌지 의문이 든다. 막대한 자본을 투입하여 만들어낸 작품이었지만 작가와의 소통도, 그것이 설치되는 곳을 방문하는 시민들과의 소통과 교감도 제대로 이루어지지 못한 듯하다. 물론 낮이나 밤이나 전시된 모습을 보면 예쁘고 주변을 환기시켜주는 느낌은 든다. 그러나 그것만으로 공공미술의 역할과 의의가 제대로 반영된 것이라는 생각은 들지 않는다. 분명 그것이 꼭 그렇게 실외에 자리잡아 시민들과 함께 공존해야 하는 이유가 있어야 하는 것일 텐데 말이다.

청계천 복원 사업이 추진되던 때 한국 작가들과의 협업으로 재미있는 작품이 완성될 수도 있지 않을까 하는 생각을 했었다. 〈스프링〉은 공공미술이 가지는 본연의 의미와 의도가 무엇인지 다시금 생각하게 한다.

〈해머링맨〉

덕수궁 돌담길에는 바둑알 같은 귀엽고 재미난 벤치들이 19점 있다. 덕수궁 돌담길을 문화·역사 탐사의 산책로로 유도하기 위한 것이라고 한다. 서울 시민들이 일상생활 속에서 예술 체험을 할 수 있는 계기를 마련하고자 예술의 길 조성과 더불어 사색의 자리를 마련한 것이다. 이는 최병훈 목공예가의 작품으로, 화강석, 마천석, 벗나무 등 천연 재료만을 이용하여 일체의 직선은 배제하고 유기적인 형상을 띄도록 만든 벤치이다. 모양이 동그랗고 색깔도 많지 않아서 주위 경관에 잘 어우러지는 동시에 시민들이 직접 앉을 수 있는 생활형 작품이다.

바둑알 모양의 벤치

〈스프링〉

이제 신사역, 논현역을 지나 신논현역으로 향하면서 번화한 강남대로를 만나게 된다. 강남대로는 최근 금연 거리를 시행하게 된 것으로도 유명하다. 하지만 그 이전에 〈미디어폴〉로도 각광을 받은 적이 있다. 2009년 '디자인 서울거리' 사업의 일환으로 만들어진, 강남역에서부터 신논현역까지의 대로를 밝혀주는 22개의 미디어 기둥이 바로 이 〈미디어폴〉이다. 사람이 너무 많고 가게들의 간판들도 너무 화려해서 눈에 잘 띌는지 의문이 들었지만 광고회사인 제일기획에서 시행한 조사에서 인지도와 선호도 모두 높은 쪽으로 나왔다고 한다. 또한 〈미디어폴〉 설치로 인해, 주변 경관이 깔끔해진 것 같고 눈에 잘 띄어 보기에 좋다는 평이 많다. 무엇보다 다양한 기능을 탑재하고 있어서 시민들에게 새로운 재미를 주고 있다.

〈미디어폴〉

　이곳을 지나 곧이어 만날 수 있는 작품은 대치동에 위치한 포스코센터에 있다. 포스코센터에 설치된 작품은 여러 가지인데 각각 상반된 반응을 자아내고 있다. 포스코센터의 경우 내부에 포스코미술관이라는, 작가들이 작업을 전시할 수 있는 공간이 마련되어 있고 시설이 좋은 편이다. 건물 안에는 백남준 작가의 작품들이 많이 있다. 대부분 그를 대표해주는, 텔레비전과 철을 이용하여 만든 작품들이다.

　그중 〈철이 철철〉이라는 제목을 가진 시리즈 작품들이 있는데 이는 백남준 작가가 포스코센터를 위해 작품을 만들면서 철강 산업을 하는 포스코를 위해 번창하라는 뜻으로 지은 이름이라고 한다. 〈철이 철철〉 시리즈로 〈TV 깔때기〉와 〈TV나무〉 두 작업이 있는데 철골과 유리로 지어진 포스코센터와 아주 잘 어울린다.

〈철이 철철〉 시리즈

한편, 포스코센터 밖에서는 〈아마벨〉이라는 작품을 만날 수 있다. 굉장히 차갑고 날카로운 이미지의 육중한 이 오브제는, 자세히 살펴보면 꽃임을 알 수 있다. 프랭크 스텔라Frank Stella라는 작가의 작품으로, 비행기 파편이나 철의 잔해들을 불규칙하게 용접하고, 주물된 부분은 그대로 사용하여 꽃의 형상으로 만든 작품이다. 그러나 철로 만든 터라 느낌이 차갑고 꽃이라는 형상을 찾기가 어려워 경관을 해친다는 이유로 수차례 철거 요청을 받았다고 한다. 17억 원짜리 작품이 현대미술관에 기증될뻔 했다가 작가와 미술계의 반대로 자리를 지켜냈다는 것이다. 최근에도 미술을 사랑하는 사람들이 모여 서명 운동을 진행할 정도로 논란이 식지 않고 있다. 아마벨은 비행기 사고로 죽은 작가의 친구의 딸 이름이라고 한다. 순전히 그 소녀를 위로하기 위한 작품일 수도 있지만, 아이러니하게 철강 산업을 하는 기업 앞에 세워 문명에 대한 이야기를 하고 싶었던 것인지도 모르겠다.

〈아마벨〉

일원동에 있는 삼성서울병원의 후문에는 최재은 작가의 작품이 설치되어 있다. 〈시간의 방향〉이라는 작품명을 가진 이 작품은 지름이 3m가 넘는 거대한 눈물 방울 모양을 하고 있다. 대부분의 사람들은 이 작품이 실제로 눈물 방울을 상징하는 것이라고 예상하겠지만, 작가는 그동안 일관되게 고민해온 '시간과 존재(생명성)'의 의미를 함축적으로 표현한 작품이라고 밝혔다. 이 작품이 장례식장 앞에 설치될 것을 고려하여 고인의 명복을 비는 마음을 담은 것이라고 한다.

타 지방에 비해 서울시에는 다양한 기업들이 몰려있는 편이고, 또 특별히 편중되어 자리잡은 지역도 많다. 그러면서 자연스럽게 법에 의해 반강제성을 띤 무수히 많은 공공미술품들이 거리로 나오고 있다. 그러나 이들 모두가 공익성을 갖고 있는 것은 아니다. 작품을 만드는 작가들의 생존권을 이유로 들며 고집하고 있는 이 제도 하에 탄생한 많은 작품들이 철학이나 비전이 없으며 의뢰한 기업과의 연결점이 없다는 평을 듣는다. 공공재로써의 의의와 역할, 시각적인 측면 등이 전혀 고려되지 않았다는 것이다.

위에서도 언급했듯 공공미술 작품을 제작하거나 구입하는 데에는 기본으로 '억' 단위의-정말 '억'소리 나는- 금액을 지불해야 한다. 상황이 이렇다 보니 애초에 공공재로써의 소통과 교감 내지는 참여의 의의는 느끼기 어렵거나 다분히 적게 되었다. 도시의 새로운 미술 장르로 자리잡아야 할 필요와 명분이 있는 공공미술의 속성이 제대로 이행되지 못하고 있는 것은 아닌지 돌아볼 필요가 있다.

다른 나라에서 이행되고 있는 좋은 예들을 직접 벤치마킹하는 것도 괜찮은 방법일 수 있다. 여기에 그 예로 두 가지 작품을 소개하고 싶다. 전 세계에 걸쳐 진행되는 크리스토Christo Vladimirov Javacheff와 잔느-클로드Jeanne-Claude부부의 공동작업들과 로버트 인디애나Robert Indiana의 작품 〈LOVE〉이다. 크리스토 부부의 작업들은 평생에 걸쳐 둘이 함께 이루어낸 작업들이고 대부분 준비 과정이 짧게는 4년 길게는 20년이 넘는 대작이다. 그들의 작업은 대지 미술, 프로세스 미술 등으로 장르화되어 불리곤 한다.

나는 이 또한 공공미술의 범주에 들어갈 수 있다고 본다. 그들의 작업을 기록한 영상물 중에 〈Running Fence〉라는 것이 있다. 이것은 그들이 캘리포니아 해안가에 설치한 울타리 작업에 대한 것이다. 그들은 마지막엔 철수되는 작업을 기록하기 위해 영상과 사진 등으로 반드시 촬영을 한다. 영상물 외에도, 공청회 과정에서 작성된 여러 보고서와 서면, 드로잉 등 다양한 기록물을 만들어내는데, 이 기록들을 보면 이들이 작업하는 것에 대해 반대하는 주민들과의 만남도 담겨 있고, 찬성하여 힘을 보태는 주민들의 모습도 있다. 그리고 마지막엔 모두가 함께 그 작업의 완성을 위해 열심히 힘을 보태는 장면이 나온다. 나는 이러한 모든 과정 속에서 공공미술의 역할과 의의를 보았다. 지속적인 소통과 교감, 대화 등으로 이루어낸 작업. 비단 그것이 만질 수 있고 지속적

으로 볼 수 있는 작품은 아니지만 그 작품을 만들어내는 데까지 공공재로써의 많은 가치를 느낄 수 있었다.

마찬가지로 로버트 인디애나의 작품 〈LOVE〉를 예로 들어보자. 이 또한 전 세계적으로 설치된 작업이다. 작가는 사랑 외에도 다양한 추상적인 단어를 표현하는 것을 좋아했는데, 특히나 〈LOVE〉 작업의 경우는 사람들에게 말 그대로 '사랑'을 받은 작업임과 동시에 그의 대표작이 되어 주었다. 거주하고 있는 시민을 제외하고도 다양한 관광객으로 가득 차는 뉴욕에 대표적인 랜드마크가 되어주는 이 설치 작업은 뉴욕을 대표할 수 있는 공공미술이라 볼 수 있다. 많은 사람들이 이 작품을 통해 공공미술이 가져야 할 공공성과 소통을 알게 되었을 거라고 생각한다. 사랑이라는 추상적인 개념을 가장 쉽고 명확하게 많은 사람들에게 보여 주었으니까 말이다. 그렇다면 과연 우리가 지금, 버스 안에서 바라보는 서울의 공공미술품들은 어떠한가?

〈LOVE〉

2200
1005~1
490

DESIGN TOUR
YD5
16o

나는 서울 버스를 좋아한다. 2004년 서울 버스의 개편은 꼬마였던 나에게 적지 않은 충격을 주었다. 중구난방이었던 서울 버스의 디자인이 4가지 강렬한 색상으로 통일되고, 버스전용차로가 생기고, 버스 카드를 찍게 되면서 서울의 버스가 진화하는 순간에 느꼈던 놀라움은 아직도 잊을 수 없다. 버스를 더 각별하게 생각하게 된 이유는 내가 위성도시에 살고 있기 때문이기도 하다. 서울 버스를 타고 신기한 눈으로 도시를 감상하던 때가 있었다. 하지만 매일같이 버스를 타고 학교와 집을 오가는 날이 늘어날 때마다 그때의 설렘은 점점 줄어들었다. 그러다 나를 다시 흔들어 깨운 시가 있었는데 김혜순 시인의 〈별을 굽다〉이다.

시는, 대중교통에 몸을 맡기고 흘러가는 사람들과 도시의 풍경을 노래하고 있다. 너무 익숙해서 쉽게 지나쳐 버릴 수 있었던 부분을 포착하고 나눌 수 있는 이야기로 전하는 것. 이것은 내가 공부하고 있는 좋은 디자인과도 연관이 있다고 믿는다.

디자이너의 눈으로 버스를 바라보면 서울 버스의 4가지 컬러, 노선 번호의 상징과 같은 아이덴티티, 정류장의 노선도나 방향 표시와 같은 인포그래픽, 버스 창밖으로 보이는 교통기호와 픽토그램, 버스 차량 외부와 내부의 광고, 그리고 넓게는 버스를 타고 내리는 승객들과 도시를 관찰할 수 있다. 그렇게 관찰한 이미지들에는 불만스러운 것도 있고, 마음에 드는 것도 있다. 하지만 확실한 건 버스를 타고 여행하는 동안, 서울이라는 도시를 더 매력적으로 바라볼 수 있게 되었다는 점이다. 눈을 감으면 마음속에 그려지는 이미지. 서울 버스는 나에게 서울 최고의 심상이어라.

디자인 여행

01

디자인 여행

창밖으로 보이는
시대와 공간의 얼굴, 간판

7011번 지선버스

ㅋ

학기 중이면 매일 타게 되는 7011번 버스는 을지로를 비롯해 중구, 홍대, 합정, 망원동을 지난다. 목적지인 서울역 버스환승센터까지 가는 길에 유난히 눈에 띄는 거리를 지나게 되는데 바로 구두가게가 몰려있는 구두 거리다.

현대화된 도시 속에서 그곳의 오래된 간판들이 만들어내는 독특한 분위기는, 염천교 부근을 지날 때마다 늘 창문 밖으로 시선을 빼앗아 간다. 그러고 보니 염천교 구두 거리 전에는 아현역 가구 거리가, 아현역 가구 거리 전에는 웨딩타운도 지나게 된다. 이쯤 되면 7011 버스는 각종 특화 거리를 지나는 노선이라 말할 수도 있겠다. 을지로의 자재 거리, 충무로의 인쇄 골목과 애견 거리, 남대문 시장과 염천교 구두 거리, 아현역의 가구 거리와 웨딩타운, 홍대 입구 쪽의 미술 학원가 거리, 상수동의 상점과 카페들…… 특화 거리가 너무 많아서 어디가 어딘지 잘 모르겠다면 그 거리의 간판을 보면 된다.

요즘엔 어딜 지나다니든 카페를 흔히 볼 수 있다. 그중 자신이 특별히 좋아하는 카페를 기억할 때는, 그날 자신의 기분부터 그 장소의 물리적인 위치, 분위기, 커피의 맛과 향 그리고 동행한 사람은 누구였는지, 어떠한 이야기를 나누었는지 등 굉장히 복합적이고 공감각적인 형태로 떠올리게 된다.

그리고 이러한 특정 장소에 대한 복합적인 기억과 느낌은 결국 이름을 통해서 거론되며 그 장소의 이름은 간판에 담긴다. 그렇게 간판은 공간과 시대의 얼굴이 되어준다. 간판에 쓰여있는 단어가 주는 느낌. 글자에 쓰인 서체와 색감, 간판으로 쓰인 재료는 그 공간의 용도가 무엇인지, 그리고 그 공간이 어떤 시대에 어떤 이야기를 가지고 탄생하게 되었는지에 따라 각기 다른 모습들을 이루게 된다.

7011번을 타고 그런 특성들을 생각하며 창밖을 바라보면 재미있는 간판 여행을 할 수 있다. 7011번 지선버스를 타면 을지로 4가 정류장에서 출발하는 을지로의 자재 거리를 가장 먼저 지나게 된다. ○○아크릴, ○○철물, ○○조명 등 각종 자재 상점들은 다 나온다.

이런 곳들은 보통 상가 밖으로 자재들을 진열해 놓기 때문에 어떤 가게가 무엇을 취급하는지 금방 알 수 있다. 또한 간판에는 그 가게가 취급하는 자재가 무엇인지 잘 알 수 있도록 자재명이 큼지막한 글자로 쓰여져 있다. 그러나 이처럼 판매하는 물품명을 눈에 띄도록 크게 표기하는 것도 좋지만, 각종 자재들을 취급하는 상점 거리인 만큼 자재들 자체의 형태나 물성을 표현하거나 특성을 반영한 간판들은 어떨까 하는 생각도 든다. 그럼 아마도 이 거리가 더욱 재미있고 볼거리 가득한 테마 거리가 될 것 같다.

그동안 지나치게 원색적이고 중구난방인 간판 문제를 해결하기 위해 서울에선 가게의 특성을 배제하고 형태와 형식을 통일시킨 간판을 장려해왔는데, 이로 인해 거리가

복잡하고 지저분해 보였던 문제는 해소되었지만 가게의 개성이 드러나지 않고 일률적으로 통일돼 버린 점이 다시 문제로 제기되기도 했다. 그러나 이러한 시행착오를 거쳐 문제점이 조금씩 개선되어 가는 것이라 생각하며, 개선 후 조금 더 발전된 형태의 모습은 어떨지, 을지로 자재 거리를 지나치며 상상해본다.

한편 유럽권 국가로 여행을 하다 보면 장인들의 숍에, 취급하는 재료의 형태가 드러나는 재치 있는 간판을 보게 되는데, 인상적이었다. 이 같이 자재 거리의 간판만큼은 취급하는 재료, 예를 들면 파이프 가게는 파이프로, 망사면 망사로, 각목이면 각목으로 구성하면 보는 재미가 있을 것이다.

충무로 쪽으로 들어서면 즐비하게 이어지는 각종 인쇄소 간판들을 볼 수 있다. 일본강점기 때부터 충무로 주변에서 영화 산업이 발전하면서 영화 포스터와 홍보 전단지를 만드는 인쇄소들이 모여 들어 인쇄촌이 형성되었다고 한다. 그 옆으로는 대한극장과 제일병원 근처에 애견 거리가 들어서 있다. 이 거리는 1950년대 명동에 위치한 국내 최초의 애완동물센터인 '애조원'이 명동의 발전에 의해 밀려나 충무로에 자리를 잡게 되면서 각종 애견 관련 상점들이 하나 둘 모여 상권이 형성되기 시작했다고 한다. 특히 1980년대 1가구 1자녀 정책이 장려되면서 홀로 외롭게 자라는 자녀에게 애완견을 사주는 가정이 많아지면서 충무로의 애견 거리는 최고의 전성기를 맞았다. 이 일대에 수십여 개의 가게가 들어서고 해외에도 소문이 나 애견용품을 쇼핑하러 온 관광객들이 찾는 대표 이색 거리가 되기도 했다.

이 거리를 걷게 되면 쇼윈도우를 통해 볼 수 있는 귀여운 강아지와 고양이 때문에 언제나 발걸음을 멈추게 된다. 귀여운 동물이 있는 곳이기 때문에 간판들도 동글동글 귀여운 서체와 다양한 색감을 사용한 것이 많아 즐겁고 활기찬 느낌을 준다. 하지만 요즘 충무로 애견 거리는 간판들에서 오는 느낌과는 달리 큰 시름에 잠겨 있다고 한다.

2000년대 중반부터 상권이 크게 위축되기 시작했는데 애견 산업의 성장에 따라 대기업이 시장에 뛰어들면서 충무로 애견 거리의 영세 상인들이 위기를 맞게 되었기 때문이다. 현재도 애견 거리에 남은 가게가 몇몇 모여 있지만 문을 닫은 가게가 더 많이 눈에 띈다.

　　7011번 버스를 타고 가면서 볼 수 있
는 가장 인상적인 간판 거리는 염천교역 부
근이다. 염천교 주변에는 굳이어제화, 서울
피혁, 선미장식, 제일제화, 털보제화까지.
제화가게가 유난히 밀집해 있다. 늘 지나다
니면서 바라보기만 하고 궁금해하다가 마
침 개인적으로 발행 중인 버스 문화 잡지
〈Thinking Bus〉 취재를 위해 염천교 정류장
에 내려 가장 낡고 오래되어 보이는 간판의
가게에 찾아가 사장님께 말을 붙였다. 이미
여러 번 방송국 등 매체와의 인터뷰 경험이
있으셔서인지 익숙하게 질문에 답해주셨
다. '굳이어제화'라는 호기심 가는 간판 이
름에 관한 이야기와 함께 염천교 구두 거리
에 대한 역사를 물어보니, 광복 직후 미군
들이 염천교 밑에 남기고 간 군화를 분해,
재조립하면서 신발 생산 지역으로 발전하
기 시작했다고 한다. 해방 후엔 전국의 구
두기술자들이 이곳에 모여들며 상권을 형
성했고, 한때 우리나라 구두 1번지로 자리
했었다는 것이다. 이 거리는 60년 이상의
역사를 지닌 셈이다.

영화사 남원
무 단 화
왕 무도화
관 전문
스포츠 댄스화 4층
TEL. 364-22①5
H.P 011-270-2219
금 성 제 화
312-9190
라틴화 모던화
모던화 라틴화
모던화 라틴화
모던화
제 화
지용자
종로
라벨
까레
TEL 313-4230, FAX 393-1331
-4522. 9757
스포츠댄스화
전문
054-2215
011-250 2219 2층
14-2
가르뱅
댄스
화
라틴화
모던화
워킹화
도소매
가르뱅
댄스화
2F
왕관
댄스화
브릿
조은
조은
T 2

한때 전국 구두 공급량의 20퍼센트 가량을 담당하고 80년대에는 수출까지 했던 이 거리의 상권은, 90년대 이후 대형 구두브랜드와 중국산 구두가 들어오면서 사양길에 접어 들게 되었다고 한다. 그러나 오랜 역사와 추억을 간직한 이곳 상인들은 이곳을 지켜나가기 위해 안간힘을 쓰고 있었다. 지금도 5, 60대 이상의 사람들이 젊었을 적 미군용 '워카'를 샀던 추억을 안고 찾아온다고 한다. 또 소문을 듣고 수제화를 저렴하게 사기 위해 온 손님도 더러 있고, 재즈화, 골프화, 등산화, 볼링화, 안전화, 장애인을 위한 특수화 등 다양한 기능성 구두를 구하기 위해 이곳을 찾는 손님들이 많다고 한다.

60년 이상의 역사를 지닌 만큼 이 거리의 간판은 나무를 손으로 깎아 만든 글자나 복고스러운 서체의 간판이 인상적이다. 그 중 가장 인상적이었던 것은 '굳이어제화' 간판이다. 간판의 이름은 'Good year'. '좋은 일년'이라고 착각하기 쉽지만, 유명한 고급 제화 공법인 '굳이어공법'에서 붙은 이름이라고 한다.

북아현동으로 가면 가구 거리가 형성되어 있다. 염천교 구두 거리와 마찬가지로 해방 이후 형성되기 시작한 역사가 긴 특화 거리이지만 염천교 구두 거리와는 다르게 오래된 간판보다는 특정 가구 브랜드의 현대화된 간판이 많다. 이런 테마 거리는 경기 불황의 영향을 덜 받는다고 하는데 요즘은 경기 불황과 주민 이주까지 겹쳐 상인들의 시름이 크다. 그래서인지 휴업 상태인 가게들이 눈에 많이 띈다.

아현동 가구 거리 바로 옆으로는 아현역 '웨딩타운'이 이어져 있다. 드레스, 한복, 헤어, 메이크업과 사진 스튜디오들이 밀집된 웨딩 거리에선 하얀색 드레스가 진열된 쇼윈도를 구경하는 재미가 쏠쏠하다. 웨딩타운인 만큼 여성스럽고 세련된 간판도 있지만 놀랍도록 정겨운(?) 간판도 많다.

이어 7011번 버스는 신촌을 지나 산울림소극장으로 꺾어 홍대와 상수동 거리를 가로지른다. 이곳은 젊음과 예술의 거리라는 명성에 걸맞은 독특하고 개성 넘치는 간판들로 가득하다. 홍대 정문에서 신촌 방향으로는 미술학원 간판과 합격생 홍보 현수막들이 줄지어 보이고, 군데 군데 이색적인 카페와 옷가게, 핸드메이드 소품 가게와 가구 공방들도 눈에 띈다. 예사롭지 않은 그림이 그려진 예술적인 간판도 있고 미니멀하고 간결한 간판들도 많다.

이번 간판 여행의 절정이라고 할 수 있는 곳은 망원동이다. 7011번 버스를 타고 망원동으로 들어서면 아주 좁은 골목을 빼곡히 매운 수많은 간판들이 만들어내는 모습이 마치 간판 계곡 같다. 7011버스는 유일하게 망원동 동네를 지나는 지선버스로, 마을주민들은 마을버스처럼 이용하고 있다. 이곳은 특화된 거리라기보다는 '세쌍둥이네 분식', '정민이네 세겹살', '생고기 삼삼이네', '우리이발관', '으뜸의상실' 등의 친숙한 가게 이름으로 옛 동네 거리의 멋을 상기시키는 곳이다.

아직 카페보다는 철물점이나 문구점이 많은 이 동네에는 망원시장이라는 큰 시장도 자리잡고 있다. (매일 열리는 시장이니 언제든 구경할 수 있고 망원 1동 주민센터 정류장에 내리면 쉽게 찾아갈 수 있다.)

간판 여행의 하이라이트인 망원동에서의 베스트 간판을 꼽자면 동교초등학교 정류장 주변에 위치한 '카페 만나다 공원'이다. 크고 화려하지 않아 쉽게 지나칠 수도 있는 작은 간판이지만, 말로는 설명할 수 없는 어떤 감성을 가진 사람들이 서로 알아보는 일종의 작은 신호 같은 느낌을 준다. 이 카페는 2011년 5월 14일에 오픈했다. 주인이 그림 작업을 하는 작가여서 이색적인 그림들을 많이 볼 수 있는 이 카페에는 망원동 동네 주민들과 주변 회사 직원들, 개인 작업을 하는 사람도 많이 드나든다. 또 최근 들어 음악을 하는 사람들도 자주 보이는데 이 동네에 인디밴드의 작업실이 늘어나고 있기 때문이다. 홍대가 점점 포화 상태가 되면서 합정을 지나 망원동까지 옮겨온 예술가들에 의해 망원동은, 기존에 간직하고 있던 고유의 지역성과 젊고 개성 있는 젊은 문화가 합쳐지는 변화의 과정을 겪고 있다. 작은 신호에 이끌려 만나게 된 간판 '카페 만나다 공원'은 바로 그런 성격을 대표하는 공간의 얼굴이다.

우리가 얼굴로 그 사람을 인지하고 떠올리듯이 간판은 공간의 얼굴이 되며, 그 공간의 첫인상이자 이야기의 시작이 된다. 지금 생각나는 특별했던 장소들을 기억해 보자. 떠올린 기억 속엔 몇 개의 간판이 남아있는가? 그곳들의 간판은 어떠한가? 아니, 어떤 얼굴을 하고 있는가?

연세치과의원
카페
만나다
공원
129
ADT

디자인 여행

런던이 레드라면 서울은 레인보우
버스와 서울의 컬러

160번 간선버스

160번 버스를 타고 창밖을 내다본다. 서울은 무채색이 많은 도시다. 도로의 아스팔트, 건물들, 사람들이 타고 다니는 자동차나 입고 있는 옷들도 차분한 계통의 무채색이 주조를 이룬다. 빨주노초파남보. 수많은 색들이 있는데 왜 이렇게 무채색 일색인 세상이 됐는지는 모르겠지만, 나 역시 옷장 속이 대부분 무채색이다. 이유를 되짚어보면 무채색은 튀지 않아 어디든지 무난히 어울리면서 섞여 들기 때문인 것 같다.

도시도 마찬가지다. 무채색의 서울이 주는 느낌은 한편으로는 지루한 것 같지만 한편으로는 깔끔하고 세련된 인상을 준다. 이런 회색빛 도시 속에서 밝고 원색적인 4가지 색의 서울 버스들은 유난히 눈에 띈다. 무미 건조한 일상속에서 바쁘게 지나다니는 무채색의 차량들 사이에서 눈에 띄는 길쭉하고 알록달록한 버스들을 집중해 바라보고 있으면 기분이 전환되곤 한다. 어느 날부턴가 서울 도심을 알록달록하게 물들인 서울 버스들…… 언제부터였더라?

서울버스는 2004년 전체 버스노선이 새롭게 개편되면서 브랜드 웍스(www.brandworkz.co.kr)에 의해 현재의 컬러 시스템이 마련되었다.

빨강, 파랑, 초록, 노랑. 뚜렷하고 원색적인 4가지 색을 사용해서 승객들이 버스를 쉽게 구분할 수 있도록 한 것이 첫 번째 목적이겠지만 이 컬러 시스템에는 나름의 상징과 의미도 있다. 수도권과 부도심을 급행으로 연결하는 빨간색 광역버스는 빠른 속도와 서울 시민의 열정의 의미를 담고 있고, 서울 시내 먼 거리를 운행하는 파란색 간선버스는 서울의 한강과 하늘을 상징한다. 또 간선버스와 지하철의 연계, 환승을 도와주고 지역 내 운행을 담당하는 초록색 지선버스는 서울의 푸르름을 반영하고 있다. 마지막으로 도심 내에서 발생하는 통행 수요를 담당하는 마을버스는 귀여운 노란색으로 활동적이고 친근한 이미지를 형상화했다고 한다.

한편 '버스 색깔'하면 딱 떠오르는 버스가 있다. 바로 런던의 빨간 2층 버스다. 런던의 빨간색 2층 버스는 런던을 대표하는 아이콘이다. 이 2층 버스는 비교적 오랜 역사를 가지고 있는데, 1907년 승객들을 위한 버스 운행이 처음 시작될 무렵 승객들의 탑승 경쟁이 매우 치열했다고 한다.

그리고 노선 번호별 구간 운행이 본격적으로 시작되면서 버스 운수 회사들은 버스가 어디로 가는지 확실히 보여주기 위해 여러 가지 다른 색을 사용하기 시작했고, 당시 가장 규모가 큰 운수 회사인 런던 제너럴 옴니버스 컴퍼니London General Omnibus Company가 사람들 눈에 가장 잘 띄는 빨간색을 버스에 도입했다. 그리고 1933년 런던의 버스 회사가 이 운수 회사로 통합되면서 런던 지역의 모든 버스가 빨간색이 된 것이다. 이후 이 강렬한 빨간색 버스는 런던 곳곳을 누비며 런던을 상징하는 아이콘이 되었다.

런던 버스는 60년대에 2000여 대가 운행되며 최고의 전성기를 누렸지만, 운전사와 조수 2명이 운행해야 하기 때문에 운영비 부담이 있었고 비싼 요금 때문에 시민들에게 외면을 받게 되자 2005년 운행 중단 위기에 놓인 적이 있었다. 하지만 빨간 2층 버스가 없어지면 런던 역시 다른 유럽의 도시들과 다를 바 없는 개성 없는 도시로 전락한다며 런던 시민들의 항의가 빗발쳤고 2층 버스 살리기 캠페인에 나서 버스를 지켜냈다. 그리고 현재, 런던에 가보면 빨간 2층 버스를 모티프로 한 머그컵, 티셔츠, 벽지, 달력 등 각종 제품들이 넘쳐난다. 이만큼 2층 버스가 갖고 있는 매력에 대한 런던 시민들의 자각과 애착은 남다르다.

런던 버스는 런던 사람들뿐만 아니라 관광객들에게도 많은 사랑을 받고 있다. 빨간 2층 버스가 하나의 아이콘으로써 런던에서 꼭 타봐야 하는 관광 명물이되었기 때문이기도 하지만 관광객들에게 '버스'란, 지하로 다니는 전철에 비해 지상에서 도시를 더 적극적으로 감상할 수 있고 택시에 비해 요금 부담이 적어 더 쉽게 다가갈 수 있는 교통수단이기 때문이다.

이렇게, 런던하면 빨간색 2층 버스, 파리하면 에펠탑, 베이징하면 자금성이나 만리장성, 뉴욕하면 자유의 여신상이나 엠파이어스테이트빌딩, 도쿄하면 도쿄타워가 떠오르듯이 각 나라의 큰 도시에는 상징물이 있기 마련이다. 이쯤에서 서울은? 하고 묻는다면 딱 무언가가 바로 생각나지는 않지만 많은 사람들이 남산타워나 한강을 말하곤 한다. 그런데 곰곰이 생각해 보면 관광을 온 외국인의 눈에는 서울 버스도 런던 버스처럼 매력적인 소재일 수 있을 거라는 생각이 든다. 알록달록한 4가지 색의 버스는 어떤 의미가 있는 것이고, 서울 사람들은 어떤 식으로 능숙하게 이용하는지, 시민들의 일상에 깊게 자리잡고 있는 서울 버스를 호기심을 갖고 바라보고 있지는 않을런지.

이처럼 무채색일 것만 같은 서울에도 잘 찾아보면 알록달록한 서울 버스와 같이 매력적인 색들을 충분히 발견할 수 있다. 몇 년 전에는 서울시에서 〈디자인 서울〉 프로젝트의 일환으로 '서울색'을 지정해 발표했다. 서울색은 서울의 심상에서 뽑아낸 서울의 대표색들로, 서울 상징색인 단청빨간색과 기조색인 한강은백색이 있고 이외에 대표 10색으로, 돌담회색, 남산초록색, 기와진회색, 고궁갈색, 은행노란색, 삼배연미색, 서울하늘색, 꽃담황토색이 지정되었다.

도시를 대표하는 요소에는 그 도시의 역사, 문화, 자연, 건축 등이 있을 수 있는데, 이때 색채를 통한 도시의 이미지 전달을 꾀하고자 한 것이 바로 서울색이다.

　　서울하늘색인 160번 간선버스를 타고 서울색 여행을 떠나보자. 도봉산역에서 수유역, 혜화역, 종로와 충정로, 한강을 지나 구로, 온수까지 운행하는 노선이다. 도봉산역에서 내리면 가장 먼저 서울 외곽의 소박한 생태공원인 서울창포원에 닿을 수 있다. 다양한 식물과 꽃, 습지 등이 있는 생태 공간이 있고 수락산이 조망되는 곳이다. 서울의 산에서 감상할 수 있는 남산초록색의 빛깔은 한국의 숲에서 자주 볼 수 있는 소나무의 짙은 초록색이다. 서울산은 토산인 남산과, 바위산인 북한산과 인왕산이 대표 경관으로 꼽히는데 160번 버스를 타고 이 부근을 지날 땐 바위산을 감상할 수 있다. 북한산, 용마산, 관악산, 봉산을 잇는 서울 외곽산의 둘레길을 걸으며 경치를 즐길 수도 있는데 이때 서울 바깥쪽을 따라 감상할 수 있는 북한산과 인왕산의 화강암 바위에서 한강은백색을 감상할 수 있다.

　버스를 타고 조금 더 내려오다 보면 수유역과 미아역, 미아삼거리역 구간 정류장마다 소나무가 심어져 있는 것을 볼 수 있다. 이 '가로수 정류장'은 2009년 조성되었는데, 강북구의 상징이기도 한 소나무는 답답한 도심 속에서 사시사철 남산 초록색의 푸르름을 간직하며 버스를 타기 위해 정류장을 찾는 시민들에게 그늘을 제공한다.

서울의 고궁갈색은 짙고 녹색빛이 도는 갈색이 아니라 붉고 따뜻한 갈색이다. 160번 버스가 혜화역 마로니에 공원을 지날 때 바로 이 고궁갈색을 감상할 수 있다. 이 구간은 유난히 붉은 색조가 도는 갈색 벽돌 건물이 많아서 창밖 시선 가득 고궁갈색을 감상할 수 있다. 그런데 우연인지는 모르겠지만 마로니에marronnier는 밤나무라는 뜻으로 marron은 프랑스어로 밤색, 갈색을 뜻한다. 그러니 버스를 타고 이 구간을 지날 때에는 marron-고궁갈색을 감상해보시길.

160번 버스를 타고 종로로 내려오는 길에는 창경궁과 종묘, 경복궁 등 서울 중심에 있는 문화재들을 지나오게 된다. 한국의 미를 흠뻑 간직하고 있는 이곳은 서울색들을 감상하기에 좋은 장소라 할 수 있다.

정갈하고 단정한 모습으로 길게 늘어선 창경궁 돌담길을 지날 땐 돌담회색을 감상할 수 있고, 이밖에도 창경궁 기와진회색, 고궁갈색, 단청빨간색 등의 서울색을 이곳저곳에서 볼 수 있다.

또 서울의 도로 위에선 알록달록한 서울 버스 이외에 한가지 더 선명한 색의 차량을 볼 수 있는데 바로 해치택시다. 해치택시는 서울시의 관광자원으로의 활용도를 높이기 위해 서울색을 적용한 개선 사업의 일환이었는데, 서울 시내 곳곳을 누비는 이 주황색 택시는 꽃담황토색으로, 시민 선호도와 인식도가 가장 높았던 색으로 꼽힌다.

버스를 타고 한강을 지날 때는 언제나 한강은백색을 흠뻑 느낄 수 있다. 뉴욕에 센트럴파크가 있다면 서울은 한강이 아닐까 하는 생각이 든다. '한강의 기적'이라는 말이 있듯 한강은 서울을 이루는 이미지 중 가장 큰 부분을 차지하고 있다. 휴식과 여가를 제공하며 시민들에게 사랑받는 곳이다.

완전한 백색도 은색도 아닌 한강은백색은 이름과 같이 큰 물줄기를 따라 반짝반짝 빛나는 한강에서 가장 아름답게 보인다.

　한강을 지나 마포대교 남단으로 오게 되면 서울색 여행의 대단원의 막을 내릴, 서울색 공원에 다다른다. 낙후된 교량 하부를 서울색을 이용해 쾌적하고 매력적인 공간으로 탈바꿈시킨 곳으로, 서울색을 통해 버려진 공간을 새롭게 꾸며 재활용함으로써 위험 지역을 개선시킨 사례이다. 다리의 하부는 청명한 서울하늘색으로, 귀여운 의자는 단청빨간색과 꽃담황토색, 기둥에는 서울의 대표 10색으로 꾸며져 있다. 주말이 되면 서울 시민들은 가족, 연인들과 함께, 한강의 푸르름과 서울색들을 만끽하러 공원으로 나들이를 온다.

2012년 여름, '버스'를 주제로 디자인 잡지〈Thinking Bus〉(blog.naver.com/thinking bus)를 만든다고 했을 때 주위의 많은 사람들이 의아해했다. 서울 버스가 디자인이랑 연결될 것이 뭐가 있을까? 하는 생각이었던 것 같다. 그렇지만 서울 버스는 디자이너가 바라봤을 때 생각해 볼 것이 가득한 매체다.

버스에 붙는 광고, 사용되는 서체들, 정류장 노선도의 인포그래픽, 공공 시설의 인테리어 등등. 그중에서도 특히 서울 버스의 컬러는 버스라는 테마로 디자인 잡지를 만드는데 큰 모티프가 되었다.

　지금까지 160번 버스를 타고 서울색 여행을 하며 서울이 주는 분위기와 색감을 느껴 보았다. 컬러는 국적을 불문하고 사람에게 가장 직관적이고 빠르게 다가갈 수 있는 의사소통 체계이다. 자신의 일상에서 볼 수 없었던 신기한 것이나 이색적인 경험이 감동을 줄 수도 있지만, 오랜 시간 마음에 여운을 남기는 것은 그곳을 떠올렸을 때 어렴풋이 느껴지는 분위기일 것이다. 그리고 그 분위기를 이루는 데에는 색감이 큰 부분을 차지할 때가 많다.

　눈을 감고 마음속에 서울을 떠올려 보라. 당신에게 서울은 어떤 빛깔인가? 나에겐 서울 버스의 매력적인 컬러 시스템이 큰 심상 중의 하나이다. 다 다르겠지만 사람들 각자가 느끼는 서울의 심상과 빛깔을 더 애착을 갖고 바라보고, 그 심상을 적극적으로 표현하고 발전시킨다면 서울이 보다 더 매력적인 도시가 되지 않을까 하는 생각이 든다.

달리는 미술관,
버스프로젝트

2200번 광역버스

ㄱ

운전을 할 줄 모르는 나는 매일 버스를 탄다. 지하철을 탈 수도 있지만 지하로 내려가고 다시 올라오는 것이 왠지 번거롭다는 생각이 들고, 반복적으로 멈추고 열리고 닫히는 지하철 문밖의 풍경이 답답하고 지루하게 느껴지기 때문이다. 하지만 지하철도 몇 가지 큰 장점이 있다. 버스와 비교해 봤을 때, 정체되거나 노선이 변경되는 등의 변수가 없어서 안정적이다. 아주 낯선 곳에서 길을 잃었을 때도 지하철역에만 도착하면 '난 안전해' 하고 안심하게 된다. 아무리 그렇다고 해도 어떻게 해서든 방법을 찾아 버스를 타려고 하는 것은 타입의 문제인 것 같다. 지하철 타입이 있는가 하면, 버스 타입이 있는 것이다.

버스 타입인 내가 고집하는 한가지가 더 있는데 바로 자리다. 지하철에서는 서서 가나 앉아서 가나 크게 상관하지 않지만, 버스를 탈 때만큼은 꼭 자리가 있는지 여부를 확인한다. 승객이 많아 서서 가야 한다면 다음 버스를 기다린다. 심지어 아침에는 30분 일찍 출발해 전 정거장으로 거슬러 올라갈 만큼 버스에서 '앉는 것'은 나에게는 꽤 중요한 문제이다. 오랫동안 서서 가면 육체적으로 지치기 때문에 되도록 앉아서 가려는 이유도 있지만, 무엇보다 버스에서는 서서 가는 것보다 앉아서 가는 시간이 조금 더 가치 있게 느껴지기 때문이다.

과연 이 느낌을 '가치'가 있다고 표현하는 게 맞는 것인지는 모르겠지만, 버스 안에서는 조금 더 자주 생각에 빠지거나 감상에 젖곤 하는데 그런 시간들이 생활에 활력을 주고 유의미한 작용을 한다고 믿는다. 그런데 왜 자동차나 택시, 지하철을 탈 때보다 유독 버스에 앉아서 갈 때 자주 생각에 잠기게 되는 것일까?

왜 그런지 추측을 해보기로 한다. 먼저 버스의 좌석은 모두 앞을 향해 있어서 마치 큐브처럼 공간이 나뉘게 된다. 몸이 딱 들어갈 정도로 나누어진 공간에 앉아 운전에 대한 걱정 없이 달리는 차에 몸을 맡기고 길을 간다. 자동차나 택시의 경우 버스 좌석과 비슷하게 내 공간이 확보되지만, 동승자나 택시기사의 존재에 어쩔 수 없이 신경을 쓰게 된다. 하지만 버스 승객들은 모르는 사람들이기 때문에 내 생각과 행동에 온전히 집중할 수 있다. 결국 버스에 앉아서 갈 때는 다른 여러 이동 상황에 비해 잠깐이지만 간편한 개인적인 내 공간을 갖게 되고 그래서 쉽게 사색을 하게 되는 것 같다.

2011년 겨울, 파주로 가기 위해 2200 번 광역버스를 처음 탔다. 물론 자리에 앉았다. 그런데 그동안 광역버스 의자에 수천 번도 더 앉아 봤지만, 앉는 순간 이렇게 새롭고 만족스러웠던 적은 없었던 것 같다. 보통 버스 좌석에 앉아 앞을 보면 앞 의자 커버에 광고가 있기 마련인데 2200번 버스에는 좌석마다 알록달록한 커버가 씌워져 있었고 재미있는 그림이 그려져 있었다. '이건 누구 작품이고 도대체 누가 이런 걸 마련한 것일까? 항상 이런 광경을 볼 수 있는 것인가? 특별한 날 하루만 볼 수 있는 이벤트인가? 오늘이 2200번 운수 회사 설립일인 걸까?' 별생각을 다 하는 와중에 커버 가장자리에 있는 '옴니버스 프로젝트'라는 작은 문구가 눈에 들어왔다.

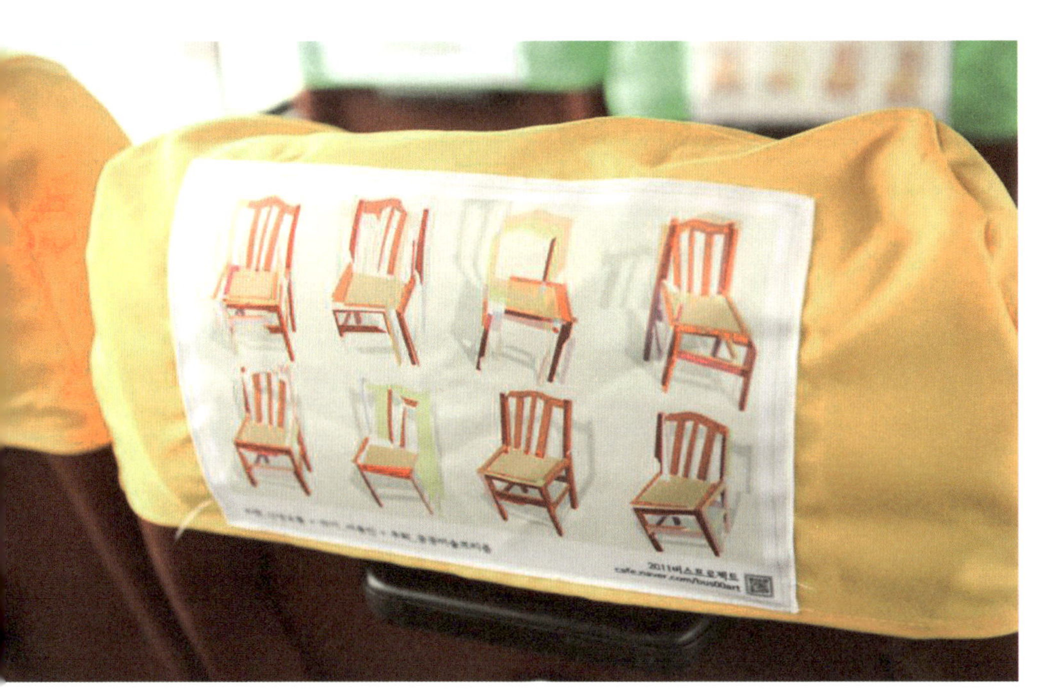

옴니버스 프로젝트는 공공미술프리즘이라는 단체가 진행해오고 있는 프로젝트다. 공공미술프리즘은 문화예술작업을 통해 지역과 공간에 새로운 제안을 하는 사회적 기업으로, 2003년부터 다양한 형태의 공공 프로젝트를 진행해오다 2006년부터 〈버스프로젝트〉를 시작하게 되었다. 우리가 매일 마주치는 친숙한 교통수단인 버스를 작은 갤러리로 탈바꿈시키는 작업을 계획하고 첫 해 경기문화재단의 후원을 시작으로 해당 노선의 운수회사인 신성교통의 후원으로 합정에서 파주로 운행하는 2200번, 200번 노선에 〈버스프로젝트〉가 진행되었다.

2200번은 합정역에서 출발해 파주출판도시, 헤이리, 영어마을을 지나 맥금동 종점까지 운행하는 노선이다. 그래서 노선에 맞춰 승객들이 특화된 편인데, 출퇴근 시간에는 대부분 파주출판도시로 향하는 출판사 관계자들이 이 버스를 이용하고, 이 밖에 출판단지나 영어마을을 찾는 관광객, 헤이리에 거주하는 예술가와 관계자들이 이 버스를 탄다.

늘 봄 작가 버스

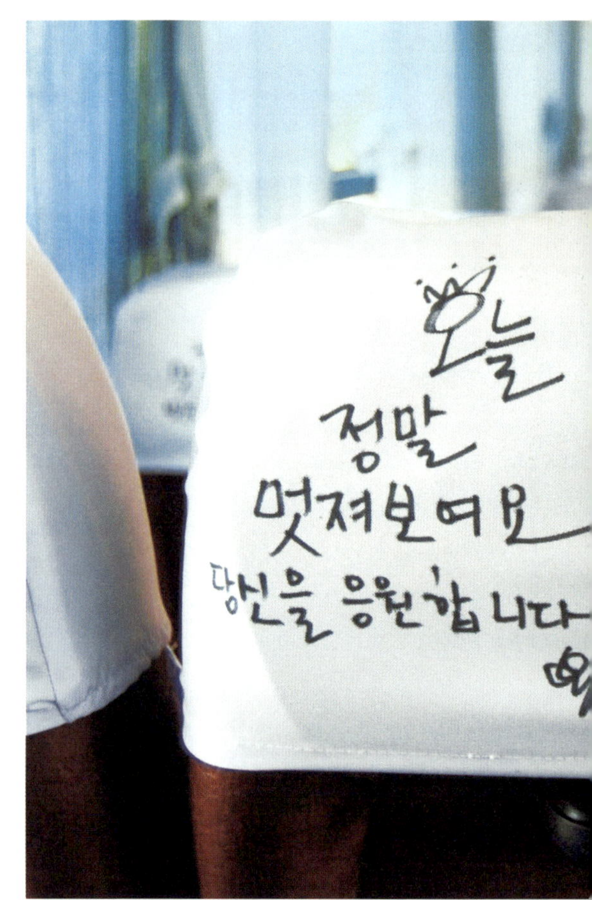

서울 안에서 운행하는 초록색 지선버스나 파란색 간선버스의 경우 노인부터 어린 학생들, 직장인, 놀러 가는 젊은이 등 승객들의 배경과 목적지가 매우 다양하지만, 파주로 향하는 2200번 광역버스는 문화에 관심이 많은 사람들로 승객이 집중되어 있기 때문에 〈버스프로젝트〉를 진행했을 때보다 적극적인 참여를 예상할 수 있었다는 것이다.

2006년 이 〈버스프로젝트〉가 시작된 이후로 매년 주제를 달리해서 진행했는데 2012년에는 '작가 버스'라는 주제로 젊은 작가가 한 버스를 담당해 전체 공간을 구성하는 방식으로 꾸몄다. 작가 버스의 경우 시트뿐만 아니라 운행에 방해가 되지 않는 선에서 창문과 천장, 버스의 손잡이, 교통카드 단말기, 버스 출입구 등을 활용해 버스 내부를 새롭고 아름답게 재구성하기도 했다.

야은 작가 버스

한 작가의 계획과 자유로운 작품들로 재탄생된 버스는 승객들에게 있어 목적지까지 가기 위한 교통수단이기도 하지만 작가의 개인전이 열리는 갤러리가 되기도 한다. 버스에서 '전시'되는 작품들은 버스와 관련된 소소하고 귀여운 그림에서부터 전문적인 냄새가 나는 깊이 있는 작품까지 다양하다.

〈버스프로젝트〉는 승객들에게 작품 감상의 기회를 제공하는 동시에 작품을 출품한 젊은 예술가들에게는 대중들과 소통할 수 있는 값진 기회를 제공하는 셈이다.

이 프로젝트는 작가들 외에 승객들도 참여할 수 있도록 기회를 제공하고 있었다. 버스 좌석 손잡이마다 작은 수첩이 매달려 있어 버스에 앉은 승객이 직접 글과 그림을 남길 수 있도록 했는데, 수첩에는 파주출판도시로 출근하는 피곤한 직장인이 쓴 것으로 예상할 수 있는 메모도 있고 버스를 타고 가며 불안한 미래에 대해 고민하는 음악가, 학교 가는 학생, 일본에서 온 관광객이 남긴 글 등 다양한 이야기가 있다. 나보다 먼저 탄 승객들이 적은 글들을 하나하나 읽어 나갔는데 누가 썼는지 모르는 몇몇 글은 시와 수필이 되고, 그림은 또 하나의 작품이었다.

김동희 작가 버스
버스 맨 뒷자리에서 보면
시트들의 작품이 겹치면서 전체
그림이 보인다.

흔들거리는 밤길
내 인생도 흔들흔들
자신가 채비하지 사녁
낡은 인생도 불안불안
근대의 길 위에서
오늘도 나는 살아간다

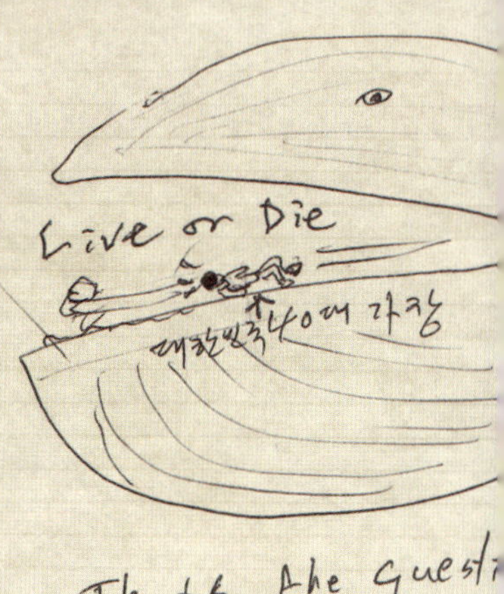

학교가는길
버스가 떨리는만큼
내손이 떨린다

누가 따주에
출렁단기를
만들어 놓았나?
응!?!

안녕하세요!

저는 일본에서 왔습니다.
한국 버스는 너무 빨군요~^^
재비 있습니다.
우리 지금부터 통일동산에
갑니다. 기대하고 있습니다.
또 탈게요~!

기타야마 시즈카
北山 静香

안전벨트
꼭 매세요

귀찮아도 지금

8.5 14:30

시민들에게 가장 친숙한 교통수단인 버스에 예술을 입히고 새로운 공간으로 탄생시킨 이 프로젝트를 처음 접했을 때 참 반갑고 놀라웠다. 지하철보다는 버스를 좋아하고, 버스 자리와 공간에 집착하는 나를 위해 마련된 환상의 버스를 만난 것 같아 한껏 들뜬 기분으로 버스에 있는 그림들을 하나도 놓치지 않으려고 구석구석 관찰했다. 자주 방문하지는 않지만, 가끔 파주로 가게 될 때는 꼭 합정역으로 와서 2200번 버스를 기다리며 이번엔 어떤 작품과 만날 수 있을지 기대를 안고 타게 되었다. 이 버스를 자주 타는 사람들이 부러운 마음이 들 정도였다.

2200번 버스를 자주 이용하는 사람들이 부러웠던 것은 내가 경험한 2200번 버스에 대해서 다른 승객들도 똑같이 느꼈을 것이라고 생각했기 때문일 것이다. 하지만 〈버스프로젝트〉 담당자와 이야기를 나누며 기획자의 입장에서 프로젝트에 대해 자세히 들어보니 승객들의 반응이 생각보다 다양했다. 버스 손잡이에 달아둔 노트를 회수해 정리해보면 프로젝트에 긍정적으로 반응하며 재미있게 참여한 승객들도 있지만, 부정적인 내용, 슬픈 생각을 적은 메모, 황당한 글도 남겨져 있다는 것이다.

알록달록한 색채의 예술 작품들이 전시된, 전혀 일상적이지 않은 '환상의 버스'에는 당연히 즐겁고 적극적인 반응들로 가득할 거라는 내 예상과 달랐던 것이다. 2200번 버스에는 유독 문화에 관심이 많은 사람들이 탄다고는 하지만, 여전히 대중교통인 버스이다 보니 불특정 다수의 사람들이 한대 섞이며 다양한 반응과 소리가 나왔던 것 같다.

덧붙여 〈버스프로젝트〉 담당자는, 버스에 전시될 작품을 선정하는데 있어 아무리 예술적으로 수준이 높고 완성도가 높다고 하더라도 누군가에게는 시각적인 공해가 될 수 있기 때문에 다방면으로 고려하게 된다고 했다. 그래서 〈버스프로젝트〉에는 누가 봐도 전문 작가의 작품인듯한 세련된 그림도 있지만, 어딘가 조금 서툴러 보이는 아마추어의 작품도, 어린아이의 작품도 동등하게 전시된다. 예측할 수 없이 다양한 사람들이 타는 버스를 닮아, 그림도, 노트 속의 내용과 손글씨들도 모두 제각각인 것이다. 담당자의 이야기를 들으며 대중과 만나는 바람직한 예술은 어떤 모습인지 생각하게 됐다.

한편 한국에 이처럼 시민들의 예술작품으로 훈훈한 분위기를 만들어 나가는 〈버스 프로젝트〉가 있다면, 미국에는 버스를 통해 사회 문제를 해결해 나가는 프로젝트가 있다. 'Show hope'라는 사회단체의 후원을 받아 미국의 대학생들이 주축이 되어 만들어진 〈레드 버스 프로젝트RED BUS PROJECT〉는, 대학생들이 물건을 기부하고 구입하며 사회의 고아들에게 도움을 주는 프로젝트다.

경제적으로 풍족하지 않은 미국의 대학생들은, 매일 주어지는 학업 때문에 고아들을 위해 봉사하는 시간을 내는 것에도 부담이 컸다. 결국 학교 생활을 하는 동시에 고아들을 위한 기금을 모금할 수 있는 프로젝트가 구상되었는데, 그 결과 자신들의 헌옷이나 물건들을 기부하고 살 수 있도록 하는 〈레드 버스 프로젝트RED BUS PROJECT〉가 탄생되었다.

〈레드 버스 프로젝트RED BUS PROJECT〉는 말하자면 영국에서 들여온 빨간색 2층 버스를 각 대학으로 운행하며 대학생들의 헌옷과 물건을 수거해 되파는 일종의 이동식 벼룩시장이다. 2012년 시작된 이 프로젝트는 대학생들에게 큰 호응을 얻어 수만 명의 대학생들이 이 버스를 방문했고 15,000달러 이상의 수익을 내었다. 프로젝트는 지금까지 계속되고 있다.

한국의 공공미술프리즘의 〈버스프로젝트〉도 지금까지 쉼 없이 달려왔다. 그러나 지속되어오던 신성교통의 후원이 잠시 중단되어 2013년 상반기에는 〈버스프로젝트〉가 잠시 휴식에 들어갔다. 현재 공공미술프리즘은 다음 〈버스프로젝트〉를 위한 준비와 함께, 상권의 활력을 잃어 얼어붙은 덕이동 패션아울렛에 예술과 콘텐츠를 유입시켜 지역을 활성화하는 프로젝트를 구상 중이라고 한다.

건조한 일상에서, 친숙하지만 새로운 방법으로 활기를 불어넣는 일. 정말 어려운 일이지만 뜻 깊은 일이다. 누군가에게는 버스의 큐브화된 자리가 사색에 빠질 수 있는 공간이지만 누군가에게는 답답한 공간이 될 수도 있을 것이다. 다양한 사람들의 모습과 스펙트럼을 고민하고 또 그것을 표현하는 작업은 많은 고민과 노력이 필요한 일이다.

2006년부터 쉬지 않고 꾸준히 달려와 준 공공미술프리즘의 버스프로젝트에 박수를 보낸다. 파주로 향하는 2200번 버스에서, 또 서울을 달리는 또 다른 버스에서 뜻밖의 환상을 다시 마주치게 될 날을 기다린다.

디자인 여행
·
04

길 위에 선 현대인을 유혹하라!
버스 광고

406번 간선버스

버스를 타고 가면서 하게 되는 일은 그리 활동적이거나 역동적인 것은 아니다. 대부분 피곤을 풀기 위해 잠시 눈을 붙이거나, 기분 전환을 위해 노래를 듣거나, 스마트폰을 만지작거리며 시간을 보내기도 하고 아주 가끔 책을 보는 사람들도 있다. 버스를 타고 이동하는 시간이 그리 길지 않은데다가 지하철보다 움직임이 변화무쌍해서 자리에 앉든 서든 몸을 크게 움직이다가는 차 멀미를 하기 십상이기 때문이다. 그렇기 때문에 버스 안에서의 시간은 어쩌면 더 심심하고 건조해지는지도 모르겠다. 그런데 요즘 들어 버스를 타며 즐겨 하는 행동이 생겼는데, 바로 버스 광고 관찰하기다. 몇 년 전이었는지 확실히 기억은 나지 않지만 눈이 반쯤 감겨 버스에 몸을 맡기고 이동하던 중, 독특한 광고를 보고 눈이 휘둥그레졌다. 내가 본 것은 아무것도 없는 흰색 바탕에 큼지막한 글씨로 '편강탕'이라고 쓰여 있는, 스토리도 출처도 알 수 없는 괴상한 광고였다. 많은 사람들이 공감할는지는 모르겠지만, 그 광고가 출현한 이후로 버스 광고의 모습이 많이 바뀌고 적극적으로 변했다는 생각이 든다.

'맞아, 버스에도 광고가 있었지' 하고 생각을 하게 한 결정적인 순간이었다고 해야 할까.

좀 더 면밀히 생각해 보자면 TV 광고 같은 경우, 시청자가 화면을 먼저 인식하고 광고를 보게 되지만 버스 광고는 그렇지 못했다. 그런데 내가 디자인을 공부하고 있기 때문인지는 모르겠지만, 편강탕 광고 이후로 버스 광고를 TV 광고처럼 먼저 이미지로 인식하고 보게 된 것이다.

버스와 디자인에 관한 이야기를 수집하고 있던 나는 버스 광고야말로 재미있는 주제가 될 거라고 생각했다. 하지만 광고쪽 지식은 부족했고 더구나 특수한 '버스 광고'는 이야기를 풀기가 더욱 어려웠다. 결국 문제의 편강탕 광고를 기획한 광고대행사 미쓰윤을 찾아가 서예원 대표에게 도움을 요청했고, 406번 버스를 타고 양재역에 위치한 미쓰윤 사무실로 향했다.

미쓰윤 광고대행사의 서예원 대표는 광고대행사를 운영하는 동시에 편강의료재단의 이사장으로서 편강 한의원 지점들을 관리하고 있었다. 그의 아버지가 바로 한의원의 대표 원장이었는데 이런 특수한 관계는 그가 광고주이자 광고대행사의 입장에서 야심찬 광고를 기획할 수 있게 한 계기가 되었다. 그에 따르면, 편강탕은 이미 꽤 오랜 시간 동안 신문 지면 광고를 해왔는데 신문 같은 경우 젊은층들이 잘 보지 않아, 기존에 편강탕의 존재를 알고 있는 노년층에게만 반복적으로 노출되는 상황이었다. 또 한의원 지점이 서울에만 몰려 있었기 때문에 전국적인 광고는 오히려 낭비일 수 있는 상황 속에서 효율적인 매체를 찾아야만 했다. 그러다 서 대표의 눈에 들어온 매체가 바로 버스였다. 옥외광고 중 도달률이 가장 높다고 하는 버스 광고는 서울을 구석구석 누비는 최적의 매체였다.

하지만 버스 광고는 그때까지 비인기 광고 매체였다. 사람들이 눈여겨 보지 않고 순식간에 지나쳐 버리기 때문에 한계가 있었다. 서 대표는 그 문제를 해결하기 위해 버스를 관찰하기 시작했다. 그 결과, 버스는 정말 순식간에 스쳐 지나가는 광고 매체라고 할 수 있는데 당시 대부분의 버스 광고에는 사람들이 찰나에 인식하기에는 너무 많은 글이 있다는 사실을 알게 됐다고 한다. 버스 광고는 도달률이 높다는 가장 큰 특징이 있지만, 사람들에게 무의식적으로 전달되어 인식의 면에서 보자면 그리 메리트가 없는 매체라는 것이다. 때문에 그러한 취약점을 극복하려면 무엇보다 강한 임팩트가 필요했고, 그래서 서 대표는 욕심을 버리고 우선 편강탕이라는 세 글자를 알리는 것에만 집중하기로 했다고 한다.

많은 부분을 포기하고 어디에서도 볼 수 없었던 광고 양식에 도전하는 일은 무모한 일일 수도 있었다. 서 대표는 "내가 가장 존경하는 광고디자인의 대가 데이비드 오길비의 책 『광고불변의 법칙』에서도, '포스터의 영역에서 텍스트는 최대한 자세히 많이 전달하는 것이 매출을 높인다'고 설명하고 있었지만, 더 곰곰이 생각해 보면 그것은 인쇄매체의 한해서이지, 옥외매체에 해당하는 것은 아니었다"고 판단했다. 결국 서 대표는 기존 모든 광고와 차별화되는 극단의 길을 선택했다. 처음 편강탕이라는 이름만 보고 사람들이 약을 구매할 것이라고 기대할 수는 없었다. 조금 더 길게 내다보고 전략을 짜기로 한 것이다.

첫 단계는 세 글자를 알리고 사람들의 호기심을 자극하는 티저 광고였고 그 후에 '아토피엔', '천식엔'이라는 단어를 덧붙여 조금씩 전체적인 내용의 힌트를 주는 방식으로 진행되었다. 마지막으로 순정만화 시리즈가 등장했을 때 사람들의 반응이 가장 뜨거웠는데, 트위터와 블로그, 각종 SNS에서 수많은 바이럴들이 일어나며 사람들이 편강탕에 대해 이야기하기 시작했다. 아이돌 스타가 트위터에서 광고를 언급하고, 한 방송 PD는 편강탕이 시어로 들어간 재치 있는 시를 짓기도 할 정도로 광고의 반응은 더욱 뜨거웠다.

이처럼 젊은층의 반응은 열광적이었지만, 신뢰감이 중요한 의료 광고라는 점에서 긍정적인 영향만 기대하기는 어려웠다. 광고 중반에는 '천식 종결자'라는 타이틀로 원장을 현상수배한다는 콘셉트의 유머러스한 광고가 새롭게 붙었는데, 나이가 많은 어르신들은 광고를 유머로 받아들이지 못하고 진짜 현상수배 전단으로 받아들이는가 하면, 지나친 유머라고 생각하며 언짢은 반응을 보이기도 했다. 결국 이 광고는 한 달 만에 철수하게 되었다.

반응이 어쨌던 간에 이 광고가 당시 큰 화제가 된 것은 분명했다. 처음 이 광고는 버스 100대로 진행되었는데, 서울에서 관리하는 버스가 8000여 대, 여기에 경기도에서 들어오는 시외버스와 개인 버스까지 더해 서울에 11,000대 이상의 버스가 있다는 사실을 감안하면 100대는 굉장히 적은 수였다. 보통 버스 광고를 기획할 때 200~300대 정도는 운용해야 노출 효과를 보기 시작하는데 이 광고는 단 100대로 승부를 본 것이다.

233

노출되는 버스 대수도 중요하지만, 버스 광고에서 가장 중요한 것은 노선 선정이다. 대부분 버스 광고주들은 강남 서초권을 선호하는데, 이곳은 거주 지역일뿐만 아니라 구매력이 있는 직장인들이 밀집된 곳인데다가 도로가 바둑판 형태로 되어 있어서 다른 장소에 비해 노출이 더 잘 되는 특징을 갖고 있기 때문이다. 강남구와 서초구를 뜻하는 버스 숫자는 앞자리가 '4'이기 때문에 406번, 402번, 472번 버스처럼 '4'로 시작하는 버스 노선이 인기이고, 광역버스에서는 서울과 일산을 오가는 버스보다 서울과 분당을 오가며 강남을 지나는 버스가 광고 주문이 더 몰리는데, 이때 직행버스인 9401번, 9000번, 9001번 버스보다는 1005-1번, 9047번처럼 강남권역을 빙빙 도는 버스가 황금 노선으로 꼽힌다고 한다.

절대적인 구매력 외에도 지역의 특성에 따라 특정한 타깃층이 몰려있는 노선의 버스를 선택하기도 하는데, 예를 들어 주로 젊은층이 보는 공연의 광고 같은 경우는 여러 대학가를 지나는 버스가 인기가 있는 색이다. 광고하는 상품의 특정 타깃층이 많이 있는 특화 지역을 지나는 노선을 공략하는 것이다.

수많은 버스 노선과 광고 사이에서 특히 편강탕 광고가 이슈가 되었던 것은 단순한 타이포그래피와 이미지의 임팩트도 일조했지만 서울 버스를 이용하는 서울 사람들의 특성과 감정을 잘 파악하고 제작했기 때문일 것이다. 바쁘게 이동하는 삭막한 대중교통 안에서 궁서체의 예스러우면서도 어딘지 코믹한 글귀는 사람들에게 신선한 충격을 주었는데, 똑같은 표현을 TV나 라디오에서 보았다면 이 정도의 반응은 얻지 못했을지도 모른다는 생각이 든다. 그래서인지 요즘엔 큼지막한 타이포그래피로 구성된 버스 광고, 유머와 비주얼 쇼크를 활용한 크리에이티브한 버스 광고를 심심치 않게 볼 수 있다.

하지만 최근에는 다시 스마트폰의 사용이 급증하면서 버스 광고 노출이 감소하기 시작했다. 버스 광고는 1:5 비율로 지나가는 행인보다 버스를 이용하는 승객에게 노출이 많이 되는데, 요즘에는 승객 대부분이 이동 중에 스마트폰을 하며 시간을 보내기 때문에 버스 광고주에게는 버스 광고의 메리트가 그만큼 줄어들고 있는 것이다.

사정이 이렇다 보니 광고 단가가 떨어져야 마땅할 버스 광고가 역으로 편강탕의 히트 이후 40만 원대에서 70만 원 이상으로 크게 올랐다고 하니, 이것은 편강탕 광고가 만들어낸 아이러니가 아닐까.

한편, 요즘 들어 바뀐 버스 광고의 흐름을 보면서 어떤 영향이 작용한 것일까 생각해 보았다. TV나 포스터 같은 매체는 '이렇게 하면 좋은 광고를 만들 수 있다.'라는 매뉴얼들이 개발되어 있는데 비인기 광고 매체였던 버스 광고에는 그런 것들이 있을 리 없었다. 편강탕의 사례를 보면서 버스 광고에 적합한 요소들은 무엇일지 나름대로 분석해보았다.

1. 타이포그래피는 무조건 크게 할 것.
2. 디자인 요소는 3개 이하로 제한할 것.
3. 비주얼 쇼크를 이용할 것.

또한 서 대표는 버스 광고를 흰색 배경에 검은 글씨로 고집했는데, 버스는 낮에도 돌아다니지만 해가 진 늦은 밤에도, 안개 낀 날이나 비가 오는 날에도 밖에서 돌아다니는 매체이기 때문에 언제 어떤 상황에서든 잘 보이는 것이 가장 중요하다고 생각했기 때문이다. 노출되는 빈도와 시간이 생명인 버스 광고에서 늦은 밤과 흐린 날씨에도 오래도록 시야를 확보하는 것은 광고 단가 대비 노출 시간을 최대한 늘리는 한 방법이었다.

해외 버스 광고 같은 경우 버스의 바퀴를 렌즈처럼 이용하거나, 버스 윗면을 랩핑, 심지어 가스 배기구 구멍을 이용하는 등, 다양하고 크리에이티브한 표현이 가능한데 우리나라는 광고의 표현을 엄격하게 규제하고 있어 그런 표현이 불가능하다. 대신 서울 버스만의 특이점이 있다고 한다면 다른 지방 버스와는 달리 서울 버스에는 본 광고면 이외에 뒷바퀴 쪽에 작은 사각형 모양의 또 다른 광고면이 마련되어 있다는 것이다. 이를 서울사랑면이라고 부른다. 이 광고면을 본 광고면과 연계해서 활용하면 조금 더 다양한 표현을 할 수 있다. 또 최근에는 버스 내부에도 영상을 볼 수 있는 TV가 설치되면서 새로운 표현을 모색해 볼 수 있게 되었다.

사무실에서 나와 서초구청 정류장에서 406번 버스를 타고 강북으로 향했다. 양재와 서초, 방배, 반포역을 지나 한강을 건너 서울시청과 광화문을 지난다. 버스를 타고 창밖의 서울 시내를 내다보니 많은 버스들이 지나다니고 있는데 모두 다 다른 광고를 붙이고 달리고 있다. 서 대표는 많은 사람들이 스마트폰에 시선을 뺏겨 버스 광고가 메리트를 잃어가는 게 아닌가 말했지만, 길을 가다가도 지나가는 버스에 눈길이 가는 걸 보면 아직은 버스 광고가 유효하다는 생각이 든다. 광고라는 것이 사람들에게 항상 좋은 것이라고 말할 순 없을 것 같다. 어떤 것은 너무 노골적이고 상업적이라 보는 사람의 눈을 찌푸리게 할 때도 있지만, 그래도 어쩔 수 없이 눈이 가는 이유는 광고라는 것이 애초부터 가장 매력적인 모습으로 사람들을 유혹하기 위해 만들어지는 것이기 때문일 것이다. 그리고 이런 수많은 유혹 속에 내가 기억하는 어떤 광고처럼 사람들의 무릎을 탁 치게 하는 광고는 단순한 유혹을 넘어 많은 사람들에게 영감과 활력을 불어넣어 준다. 버스를 타고 창밖을 보는 습관을 가진 나로서는, 그런 재기발랄한 광고들이 많이 나왔으면 하는 바람이다.

이정표를 따라가는 길,
교통기호

1005-1번 광역버스

버스 창밖으로 수많은 것들이 스쳐 지나간다. 바쁘게 지나다니는 사람들, 가로등의 불빛들, 도로의 신호등과 간판, 각종 포스터와 현란한 광고들…… 서울 버스를 타고 도시를 지나가다 보면 짧은 순간 마주하게 되는 것들도 필사적으로 우리의 시선을 끌며 무언가를 말하려고 하고 있다. 어떤 것은 우리를 유혹하고, 어떤 것은 도움을 요청하고 있다. 또 어떤 것은 유용한 정보들을 알려준다. 일상 속에서 마주치는 수천, 수만 개의 각종 이미지와 정보들은 머릿속에서 특별했던 소수만 기억되고 대부분의 것들은 잊혀진다. 기억 속에서 자연스럽게 사라지는 많은 것들 중에 가장 대표적인 것, 아니 어쩌면 우리가 보는 순간에 인식하고 따로 기억해두지 않는 것이 있는데 바로 기호다.

생각해보면, 우리는 대중교통을 이용하면서 하루도 빠짐없이 지하철 노선도나 버스 정류장 노선도, 방향을 안내하는 화살표, 공공기물을 설명하는 각종 기호와 픽토그램을 마주하게 된다. 특히 버스를 타면 지상 위의 도로를 달리기 때문에 여러 가지 교통 표지판을 보게 된다. 자동차를 운전하면 표지판을 정보로 읽고 운전에 집중하게 되지만, 버스를 타고 창밖을 보는 '관찰자' 시점에서 보면 지나가는 복잡한 도시 중간 중간에 깔끔하게 붙은 스티커처럼 교통기호들이 눈에 들어오기 시작한다.

그중 광역버스인 1005-1번을 타면 특히나 다양한 교통기호들을 볼 수 있다. 1005-1번 버스는 분당에 있는 한적한 마을의 아파트 단지에서부터 한강, 시청, 광화문, 경복궁, 명동과 서울역 버스 환승 센터까지 서울 중심가를 지나면서 각양 각색의 도로 상황과 표지판 기호들을 지나치게 된다. 분당에서 서울로 진입하면 최근에 정비된 표지판들을 볼 수 있다.(서울시 표지판은 2012년 하반기에 재정비되었다.) 얼마 전까지도 이 버스를 타고 종로를 지날 때면 시대에 맞지 않게 정겨운(?) 우마차 통행금지 표지판을 볼 수 있었는데, 이제는 모두 철거되었고 보행금지 표지판, 트렉터 및 경운기, 손수레 통행금지 표지판은 디자인이 단순화되었다.

순천향대학병원 정류장을 지날 때는 지능형 도로 전광표지판을 볼 수 있다. 서울에는 280여 개의 지능형 도로 전광표지판이 설치되어 있는데 다양한 색상과 문자·도형이 결합된 이미지를 표출해 교통 정보에 대한 이해를 효과적으로 돕고 있다. LED 조명을 사용해서 비가 오거나 흐린 날씨에도 선명하게 보인다. 명확한 정보 전달을 위해 전광판에서 글자나 도형을 여백 없이 꽉 채워서 사용하고 있는 모습인데, 디자인적으로 보았을 때 답답해 보이는 점은 조금 아쉽다.

정겨웠던 우마차 통행금지 표지판부터 똑똑한 전광표지판까지, 도시가 변하고 발전해 가면서 교통기호도 모습을 바꾸어왔다. 흔히 볼 수 있는 이정표들의 모습 속에도 잘 들여다보면 도시의 이야기가 담겨 있다.

이처럼 버스를 이용하면서 마주칠 수 있는 여러 가지 교통기호 중에 특별한 이야기가 담긴 이정표가 있다. 바로 버스정류장 노선도에 어느 날부턴가 붙기 시작한 작고 빨간 화살표이다. 2011년 가을부터 하나 둘씩 생겨나기 시작한 이 화살표 모양의 스티커는 버스정류장 노선도에 누락된 운행 방향을 표시해주고 있는데, 버스를 타고 다니며 생활하고 작업을 해나가는 나에게는 참고마운 이정표였다.

대부분 버스 운수회사나 공무원이 이 화살표를 붙였을 거라고 생각하지만, 이 일을 시작한 주인공은 이민호라는 한 청년, 개인이었다. 인터넷에서 이미 '화살표 청년'이라는 별명을 얻은 그는, 2012년 봄에 박원순 서울시장이 트위터에 이민호 씨의 사례를 소개하며 큰 이슈가 되어 각종 매체에 소개가 되었고 2012년 5월에 서울시 표창을 받았다.

우리가 흔히 지나쳐 버리는 사소한 불편을 문제로 파악하고, 빠르고 간단한 방법으로 해결을 제시한 이 프로젝트는 디자인의 관점에서도 아주 좋은 사례로 생각된다. 버스와 관련해서는 늘 주의 깊게 보는 편이라고 생각해왔는데, 그동안 나는 물론 대부분의 사람들이 그냥 지나치거나 놓치고 있었던 문제점을, 한 청년은 발견하고 해결까지 한 것이다. 도대체 이 청년은 어떤 생각과 계기로 이 같은 일을 실천하게 되었을까?

길치인 이민호 씨는 버스를 탈 때 방향을 틀려서 자주 불편을 겪곤 했다고 한다. 다행히 요즘은 스마트폰 검색으로 버스를 타는 일이 한결 쉬워졌지만 스마트폰이 익숙하지 않은 어르신들이 불편을 겪는 것이 마음 쓰였던 민호 씨는, 당시 시에다 민원을 넣어봤지만 신고가 들어간 특정 정류장만 해결되는 방식이었고 해결이 되는 데에도 28일이라는 긴 시간을 기다려야 했다고 한다. 직접 방향 표시를 하게 되면 몇 초면 해결될 일을 28일이나 기다려야 하니, 문득 그는 직접 하면 되지 않을까 하는 생각이 들었고, 자전거를 타고 버스정류장을 다니며 직접 구입한 800원짜리 빨간색 화살표 스티커를 붙이기 시작했다. 자신의 집 근처 정류장에 있는 버스 노선을 시작으로 강북 마포 지역부터 한번에 적게는 100개, 많게는 500개의 노선에 스티커를 붙여 나가기 시작했다. 그의 조용한 노력은 2011년 5월 박원순 시장이 그의 사례를 트위터에서 언급하며 사회적으로 이슈가 되었고 '화살표 청년'이라는 별명을 얻으며 각종 매체에서 언급하기 시작했다. 버스를 이용하는 시민들이 겪는 불편을 빠르고 효율적으로 해결한 명쾌하고 참신한 발상에 많은 사람들이 관심과 응원을 보냈다.

누구나 칭찬하고 격려할 일이라고 생각하지만 이 일을 시작할 당시 주위의 시선이 마냥 곱지만은 않았다고 한다. 여러 가지 일을 한꺼번에 담당하는 공기관에서는 번거로운 절차 때문에 눈치를 받기도 했고 당시 취업 준비생이었던 그는 스펙에 도움이 되지도 않는 선행을 도대체 왜 나서서 하냐는 질문을 받기도 했다. 그때마다 고민은 되었지만 작은 노력으로 많은 사람이 편해질 수 있다는 생각에 일을 멈추고 싶지 않았다고 그는 말한다. 다행히 사회적으로 이 일이 알려지기 시작하면서 서울시 특별 조례가 개정, 신설되었고 28일 걸렸던 민원 처리 기간이 7일로 단축되는 변화들이 나타났다. 하지만 붙이면 다시 떨어질 수밖에 없는 스티커의 한계 때문에 근본적인 해결이 되지 못한다는 것은 그에겐 늘 아쉬움으로 남아 있었다고 한다. 그러다 지난해 10월 전면적인 보수를 시작, 2014년 하반기까지 노선도 개편이 이루어질 것이라는 소식을 듣게 됐다.

244
THE
1000
일산신도시 ↔ 서울역,YTN
1100
가좌동 ↔ 서울역,YTN
1200
서울역,YTN
힘찬병
TOP TOUR

그가 시작한 고민과 노력은 이렇게 긍정적으로 일단락되었다. 그리고 최근엔 자전거를 타고 서울을 누비는 그의 눈에 또 다른 것들이 보이기 시작했다. 하루는 스티커를 붙이는 그에게 일본인 관광객이 서툰 한국어로 명동으로 가는 버스 편을 물어왔다. 서울에 눈에 띄게 늘어나고 있는 외국인 관광객을 위한 대중교통 노선 외국어 표기 문제는 요즘 그가 생각하고 있는 해결 과제다. 또 하루는 장애인을 위한 정류장 표지판이 그들의 시선에 맞지 않게 너무 위에 있다는 걸 깨달았다.

그는 이제 휠체어를 타는 장애인이나 노안 때문에 시야가 명확하지 않은 어르신들, 나아가 사회구성원 모두를 위한 버스정류장과 표지판을 고민하고 있다. 하루 아침에 개선될 수 있는 것들은 아니지만 그가 일을 시작하면서 만난 다양한 사람들과 힘을 합쳐 모두가 편리한 대중교통을 위해 지금의 문제점들을 조금씩 해결해 나가고 싶다고 말한다.

바다 건너 브라질에도 비슷한 사례가 있다. 〈Que Ônibus Passa Aqui?(여기 몇 번 버스 지나가나요?)〉라는 프로젝트이다. 서울 버스정류장은 이제 방향 표시까지 있어 몇 번 버스가 오고 어느 방향으로 가는지 쉽고 편리하게 알 수 있는데 브라질의 상황은 조금 달랐다. 대부분의 버스정류장에 버스 노선에 대한 표시가 되어 있지 않고 어느 방향, 어느 길로 가는지 정도의 정보만 주어져 시민들이 불편을 겪고 있었다.

이런 시민들의 불편을 해소하기 위해 비영리 단체인 'Shoot The Shit'(www.shotthes hit. cc)은 창의적인 프로젝트를 실시했다. 20대의 젊은 청년 세 명으로 구성된 이 단체는 먼저 그들이 사는 도시 뽀르뚜 알레그리의 버스정류장 노선도 문제를 해결하기 위해 고민하기 시작했다. 처음엔 모든 노선에 대한 완전한 정보를 제공하는 것을 목표로 했지만 재정적인 문제에 부딪혔고 결국 시민을 참여시키는 캠페인 방법으로 아이디어가 정리되었다고 한다.

홈페이지. www.facebook.com/QueOnibusPassaAqui

'Que Ônibus Passa Aqui?(여기 몇 번 버스 지나가나요?)'라고 적힌 스티커를 버스정류장이나 표지판에 부착하고 스티커의 여백에 해당 버스정류장의 버스를 이용하는 시민들이 직접 적어넣는 방법이다.

이 역시 도시 관할 기관에서 해결하고 있지 않은 불편을 직접 깨닫고 창의적인 방법으로 문제를 해결한 사례이다. 문제를 해결하기 위해 아이디어를 내고 시민들과 정보를 나누며 남들에게 도움을 준다는 점에서 즐거움과 만족을 주는 캠페인이다.

지금은 프로젝트가 시작되고 미디어와 대중들의 관심을 불러 일으키면서 해당 관할 구청의 공식적인 협업을 요청받아 정식으로 스티커를 개발하게 되었다. 현재 이 캠페인은 상파울로, 히오, 브라질리아, 플로리아노폴리스, 살바도르, 꾸리찌바 등 브라질의 도시들뿐 아니라 남미 페루의 리마를 포함해 다른 20여 개의 도시로 전파되어 진행되고 있다.

우리가 매일 이용하는 대중교통인 버스의 노선도는 중요한 인포그래픽 중의 하나이다. 그런데 그러한 인포그래픽에 누락된 방향성을 한 개인은 800원짜리 빨간 화살표 스티커로 해결해나갔다. 문제를 창의적이고 효율적으로 해결한 스티커 청년 이민호 씨의 방식은 좋은 디자인의 본보기이자 정의가 아닐까 생각한다. 그의 이야기를 듣고 디자인을 공부하는 사람으로서 존경의 마음과 함께 부끄러움을 느꼈다.

1005-1번을 타고 강남역 정류장에 내렸다. 이곳에도 빨간 화살표가 붙어 있다. 주변에는 또 다른 표지판, 화살표, 신호등들이 있다. 이정표를 따라 가는 길. 고마운 이정표 덕분에 오늘도 쉽게 목적지에 갈 수 있었다. 누군가 먼저 그 길을 간 사람이 이정표를 준비해 둔 덕이다. 도움을 받고 있지만 깨닫지는 못했던 것, 교통기호. 그 안에는 모두를 위한 생각과 배려가 담겨 있고 또 그래야 한다.

〈여기 몇 번 버스 지나가나요?〉 프로젝트로 버스정류장의 불편을 해소한 비영리 단체 'Shoot The Shit'

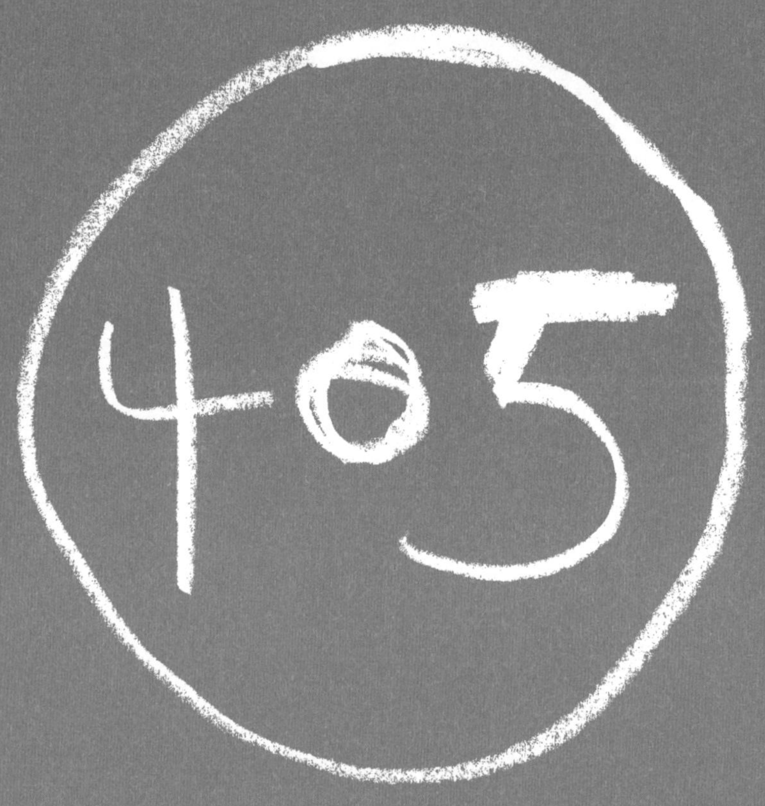

버스가 떠난 자리,
정류장

405번 간선버스

이 여행은 행선지나 버스 그 자체의 이야기와는 좀 다른, 버스를 타고 떠나는 버스정류장 여행이다. 우리가 버스를 타기 위해서 반드시 가야 하고, 머물게 되는 공간이 바로 버스정류장이다. 그곳에서 승객들은 각자 타야 할 번호를 떠올리며 버스를 기다린다. 예전에는 타야 하는 버스가 언제 올지 몰라 하염없이 기다렸지만, 요즘에는 버스의 도착 시간을 알려주는 어플리케이션이나 등등의 수단들이 있어서 조금 더 시간을 절약할 수 있게 되었다. 버스정류장 또한 스마트해져서 어디에 몇 번 버스가 다니고 몇 분 후 도착하는 등의 정보가 제공되면서 버스가 머무는 곳 이상의 의미를 지니게 되었다. 이렇듯 형태나 기능 면에서는 나날이 발전하는 정류장이지만 그곳에 머무는 정서만큼은 예전이나 지금이나 변함 없는 듯하다.

정류장이란 곳은 어딘가 미묘한 감정이 흐르는 곳이다. 영화나 드라마에서 정류장은, 사랑하는 사람과 헤어지고 만나는 단골 배경이 되는데, 그렇기에 버스를 기다리는 곳 또는 버스를 타고 떠나면 텅 비어 남겨지는 곳인 정류장은 기다림과 떠남이라는 감정이 있는 공간이다. 그래서인지 '정류장'하면 왠지 잔잔한 이야깃거리들이 나올 것 같은 느낌이 든다.

버스 좌석에 앉으면 사람들은 보통 창문 밖으로 지나가는 풍경이나 건물, 사람들을 구경하곤 하는데, 버스가 도착하고 다시 떠나는 정류장을 눈여겨 보면 또 다른 이야기를 만날 수 있다. 서울에서 흥미로운 정류장 여행을 하려면 간선버스 405번 노선이 제격이다.

405번 버스는 405A, 405B번으로 나뉘어 있는데 용산구 관내에서 A는 시계 방향, B는 반시계 방향으로 분리돼 운행한다. 염곡동에서 출발해 양재역, 서초역, 고속터미널역을 지나고 한강을 건너 보광동, 남산으로 향하면 우거진 나무와 탁 트인 전망을 볼 수 있는 남산 소월길에 다다른다. 이어서 서울의 중심인 시청을 거쳐, 서울역, 숙명여대, 효창공원, 용산구 남단을 지나 한강을 다시 건너오게 되는 노선(405A번 기준)이다. 그럼 이제, 405번 버스가 시작되는 염곡동 구룡사 정류장에서 405A번에 탑승해 가장 좋아하는 좌석에 앉아 창밖을 통해 정류장을 감상하는 여행을 떠나보자.

버스를 타고 지나치게 되는 버스정류장은 매번 일정한 규칙 없이 계속해서 모양과 풍경이 바뀐다. 사람들은 버스정류장에서 버스를 기다리는 동안 잠시 앉아 쉬거나 해당 정류장에 도착하는 버스의 노선과 방향을 확인한다. 음악을 듣거나 그냥 아무것도 하지 않고 우두커니 서 있는 사람들도 있다. 사실 대부분의 사람들에게 버스정류장은 별 의미 없이 지나가는 공간일 것이다.

그래서 버스정류장은 이용하는 사람들이 많고 적음에 따라 그 모습이 결정되는 듯하다. 표지판만 세워져 있는 곳도 있고, 의자만 있는 정류장, 천장과 벽이 갖춰진 정류장도 있다. 장소와 사람들의 이동에 따라 사랑받는 정류장이 있는가 하면 거의 방치되어 있는 곳도 있다.

보광동 신동아아파트 앞 버스정류장은 좁은 인도에 있어서인지 차양이 없고 벤치 하나만 놓여져 있다. 그래서 햇빛이 따가울 때는 옆에 있는 나무가 시원한 그늘을 만들어 정류소 역할을 대신 하기도 한다.

405번 버스가 달려 한강을 지나 남산 소원길로 향할 때에는 조금 집중해서 창밖을 내다보아야 한다. 아름다운 버스정류장들이 곳곳에 놓여있기 때문이다. 남산 산기슭에 위치한 소월길은 시인 김소월의 이름에서 따온 길 이름이다. 한국 대표 서정시인의 호를 갖고 있는 길인 만큼 이 길은 더욱 특별한 감성을 지니고 있다. 소월길에는 15개의 정류장이 있는데 특히 서울시의 아트쉘터 프로그램으로 인해 탈바꿈된 '예술 정거장'을 곳곳에서 볼 수 있다. 아트쉘터 프로그램은 일반 시민, 건축가, 디자이너가 함께 예술 정류장을 만드는 프로젝트이다. 각각의 정류장의 이름은 시민들이 직접 쓴 글씨를 공모받아 적용되었다.

그립다
말을할까
하니 그리워

그냥 갈까
그래도
다시 더 한번

저 산에도 까마귀, 들에 까마귀
서산에는 해 진다고
지저귑니다.

앞강물 뒷강물
흐르는 물은
어서 따라오라고 따라가자고
흘러도 연달아 흐릅디다려

김소월 〈가는길〉

〈쉼표, 또 다른 여정〉 정류장

하얏트 호텔 앞 정류장의 이름은 〈쉼표,
또 다른 여정〉으로, 스가타 고&김현근 작가
가 시인 김소월의 시 〈가는길〉에서 영감을 받
아 만든 작품이다. 시 속의 화자에게는 그리
운 사람이 있는데 그리운 마음이 들어 길을
떠나는 것을 고민하고 있다. 그냥 갈까 하다
가 다시 한 번 더 그리운 이에게로 마음이 향
한다. 버스정류장의 형태도 버스가 지나가는
방향으로 휘어지다가 다시 뒤쪽으로 매끄럽
게 빠지는 모습이, 떠나려 했지만 어쩔 수 없
이 그리운 이에게로 향하는 시적 화자의 마음
의 운동을 형상화하고 있는 것 같다.

또 하나의 작품, 보성여중고 정류장을
보면 노래 하나가 떠오른다.

'텔레비전에 내가 나왔으면 정말 좋겠네,
정말 좋겠네.'

남산 소원길을 지나다 보면 오래된 대형 텔레비전이 도로 한복판에 있는 것을 볼 수 있다. 이는 보성여자중고교 정류장으로 〈휴식〉이라는 이름을 가지고 있다. 김재영 작가의 작품이다. '텔레비전에 내가 나왔으면 정말 좋겠네'라는 노랫말처럼 우리는 평범한 일상 속에서 TV 속 화려한 주인공이 되는 순간을 그려보곤 하는데, 이 정류장에서 버스를 기다리고 있으면 자연스럽게 텔레비전 화면에 등장하는 주인공이 될 수 있다. 누구나 TV 속 주인공이 될 수는 없지만, 하루하루 자신의 인생을 살아가며 버스에 오르고 있는 사람들은 모두 저마다의 소중한 이야기 속 주인공이라고 할 수 있다. 이 정류장은 일상 속에서 시민들을 주인공으로 참여시키는 따뜻한 위트가 돋보인다. 이 정류장을 이용하는 많은 학생들에게 활기와 즐거운 추억을 선물하고 있는 정류장이기도 하다.

이어 후암약수터역에서는 귀여운 개구리가 있는 주동진 조각가의 〈남산의 생태〉라는 작품을 만날 수 있다. 황금색 개구리 두 마리가 버스정류장의 긴 의자를 받치고 있고 정류장 지붕에는 초록색 개구리가 힘차게 도약하고 있어 어린이들에게 인기가 많다. 서울에서는 보기 어려웠던 남산의 토종개구리가 최근 후암약수터에서 발견된 것이 이 정류장 개구리의 모티프가 되었는데, 이는 정류장을 이용하는 시민들로 하여금 자연과 동물의 소중함을 되새기도록 하는 동시에 남산의 생태가 복원되기를 바라는 작가의 마음을 담고 있다.

남산도서관에 위치한 최순용 건축가의 〈회화적 몽타주〉는 하얀색의 살과 투명한 유리로 이루어져 있어서 버스를 기다리는 사람, 행인 그리고 남산의 풍경이 이 사이사이로 교차되며 몽타주를 이루도록 구상되었다. 남산 소월길은 용산구의 마을과 남산의 경계를 따라서 나있는 길로, 도시와 자연이 교차되는 지점이다. 이 버스정류장도 두 가지 풍경이 교차되도록 설계되어 남산 소월길의 의미를 담고 있다. 〈회화적 몽타주〉는 건축가가 만든 버스정류장인 만큼 앞서 보았던 정류장들의 형태와는 다소 차이가 나는데, 추

〈남산의 생태〉 정류장

상적인 조각이나, 텔레비전, 개구리와 같은 구상적인 형태이기보다는 의미에 따른 구조와 건축적인 요소가 돋보이는 작품이다.

남산 소월길의 예술 정류장은 정류장에서 버스를 기다리는 사람뿐만 아니라 버스를 타고 창문 밖을 구경하는 승객에게, 또 그 장소를 지나다니는 행인에게도 쉽게 예술을 접하고 즐길 수 있도록 하여 일상에 청량제 같은 소소한 기쁨과 활기를 가져다 준다. 특히 각각의 정류장은 남산 소월길의 의미를 다른 방식으로 담고 있었는데, 해당 지역의 이미지를 생활에서 동떨어진 예술 작품으로 기념하고 보여주는 것이 아니라 그 지역의 주민과 방문자들의 일상에 녹아들어 자연스럽게 장소의 이미지와 맥락을 드러내 주고 있다.

〈회화적 몽타주〉 정류장

남산 소원길의 인상적인 정류장을 차례로 지나올 때쯤이면 버스는 서울역으로 향하게 된다. 서울역 버스 환승센터는 서울에서 규모가 가장 큰 정류장으로, 단순한 정류장이 아니라 '센터'라고 불린다. 버스의 운행 방향에 따라 승강장이 구분되어 있는 이곳 서울역 환승센터는 2009년 개통되었다. 단순히 대중교통 간 환승의 편이성만 갖추고 있는 것이 아니라 IT 기술과 예술이 결합된 똑똑한 정류장이라고 할 수 있다.

알록달록한 버스들이 몰려드는 서울역 환승센터는 낮에도 멋지지만 밤에는 더 환상적으로 변한다. 버스정류장의 벽과 천장에 마치 별처럼 밝은 빛들이 움직이고 있는 것을 볼 수 있다. 이 빛은 투명한 유리가 삽입되어 있는 발광다이오드로 구현되었는데, 예술적인 이미지나 날씨, 뉴스, 도시 정보를 시간대 별로 알리는 기능을 하기도 한다.

또한 투명한 재질의 버스정류장은 수많은 인파와 버스가 몰리는 공간인 만큼 시원한 시야를 확보하도록 고안되었다. 이렇게 서울역 버스 환승센터는 단순한 시설물을 넘어 장소가 기반이 된 미디어이자 랜드마크가 됐다.

SEOUL SQUARE
GS건설

　　서울역 버스 환승센터에서 얻을 수 있는 가장 큰 경험은 버스를 기다리며 정면으로 감상할 수 있는 서울스퀘어의 웅장한 미디어 캔버스이다. 오후 8시부터 11시까지 정각이 되면 10분간 서울스퀘어의 건물이 예술 작품의 캔버스가 되는데, 이 거대한 파사드에서는 줄리언 오피, 양만기, 뮌, 문경원, 류호열, 김신일, 이배경, 스티키몬스터랩 등 다양한 아티스트들의 작품을 선보이며 특정 기념일이나 행사 때에는 그에 맞는 다양한 미디어 아트를 상영한다.(서울역 버스환승센터는 세계적인 권위를 자랑하는 3대 디자인상을 석권하기도 했다.)

　　낮에 남산 소월길을 따라 버스의 눈높이에서 예술 작품을 감상했다면, 저녁에는 서울역 버스 환승센터에 잠시 내려 화려한 미디어 캔버스를 감상해 보는 것도 좋을 것이다.

이촌에 있는 국립중앙박물관 앞에는 벽이 송송 뚫린 것 같은 버스정류장이 있다. 자세히 보면 버스정류장의 벽이 벽돌로 이루어져 있는데, 이 정류장은 서울에서 철거되는 건물의 벽돌을 수집해 만들었다. 벽돌에 담긴 사람들의 이야기와 손 글씨가 사이사이에 들어가 있어 버스를 기다리는 동안 전국 각지에서 제 역할을 하던 벽돌이 간직하고 있는 이야기와 숨결을 느껴볼 수 있다.

양재역
(Yangjae_역구)
양재역
Yangjae Station
CHICAGO
80% OFF
SALE

이제 버스는 가장 기본적인 기능을 갖춘 정류장이 있는 양재역에 도착할 것이다. 지금까지 405A번 버스를 타고 표지판만 세워져 있는 정류장, 벤치만 있는 정류장, 텔레비전 모양의 정류장, 예술 조각상 같은 정류장, 그리고 거대하고 반짝 반짝 빛나는 최첨단 정류장까지 다양한 정류장들을 지나왔다. 기다리던 사람들 모두 언젠가 떠나게 되는 장소가 버스정류장인데 지어진 모양과 정성은 다 제각각이다.

이중 최선의 정류장은 어떤 것이라고 할 수 있을까. 사람이 어느 한 곳에서 시간을 보내게 되면 머물기 위한 공간이 필요하게 되고, 그 공간의 구조가 구체화되면 건물이 된다. 사람들이 잠시 머물다 가는 정류장은 구조와 형태가 가장 최소화된 건물이라고 할 수 있지 않을까. 사람이 머무는 공간이 되기 위해서 필요한 가장 기본이자 최소 단위인 기둥과 지붕 그리고 의자로 지어진 버스정류장. 특별하고 개성을 뽐내는 정류장도 좋지만 기본적인 필요를 충족시키면서 반듯하게 서 있을 때 가장 빛이 난다.

버스를 타고 창밖으로 보이는 서울색, 간판의 타이포그래피, 활기 넘치는 버스를 구성하는 버스 프로젝트와 광고, 편리한 버스의 이용을 돕는 이정표와 인포그래픽, 정류장까지. 많은 것을 볼 수 있었다. 이처럼 우리 일상 속에서 언제나 마주치는 버스에는 디자이너가 바라볼 때 흥미로운 것으로 가득하다. 디자인을 공부하다 보면 도대체 내가 배우고 있는 디자인이란 것이 무엇인지 어렵고 복잡해질 때가 많다. 실제로 '디자인이란 무엇이다'라고 정의되는 것이 불가능하다는 말을 듣게 되기도 한다. 하지만 버스를 타고 디자인을 생각하면서 다시 한 번 되새기게 되는 것은, 디자인은 생활에서 동떨어진 채 특별해지는 것보다 가장 가깝게 닿아있을 때 의미와 가치가 진가를 발휘하게 된다는 것이다. 버스 여행을 하면서 나에게 가장 유익했던 점은 이러한 생각과 고민을 할 수 있는 시간을 가질 수 있었다는 것이다. 버스를 타고 디자인을 생각해보는 것이 무겁거나 골치 아픈 일이 되어서는 안 된다. 디자인이 무엇인지 심도 깊게 논하는 책을 읽는 것보다 오히려 더 쉽게, 그러나 한편으론 주체적으로 답을 찾게될 수 있을지도 모른다. 서울뿐만이 아니다. 앞으로 더 많은 디자이너와 시민들이, 흔들리는 버스를 타고 자기가 사는 도시를 생생하게 보고 읽으며 디자인이란 무엇인지 생각해보는 경험을 공유했으면 좋겠다.

TOURIST MAP
N
까페
2200
16
163
66차4
영등포역
영월동역
용산역

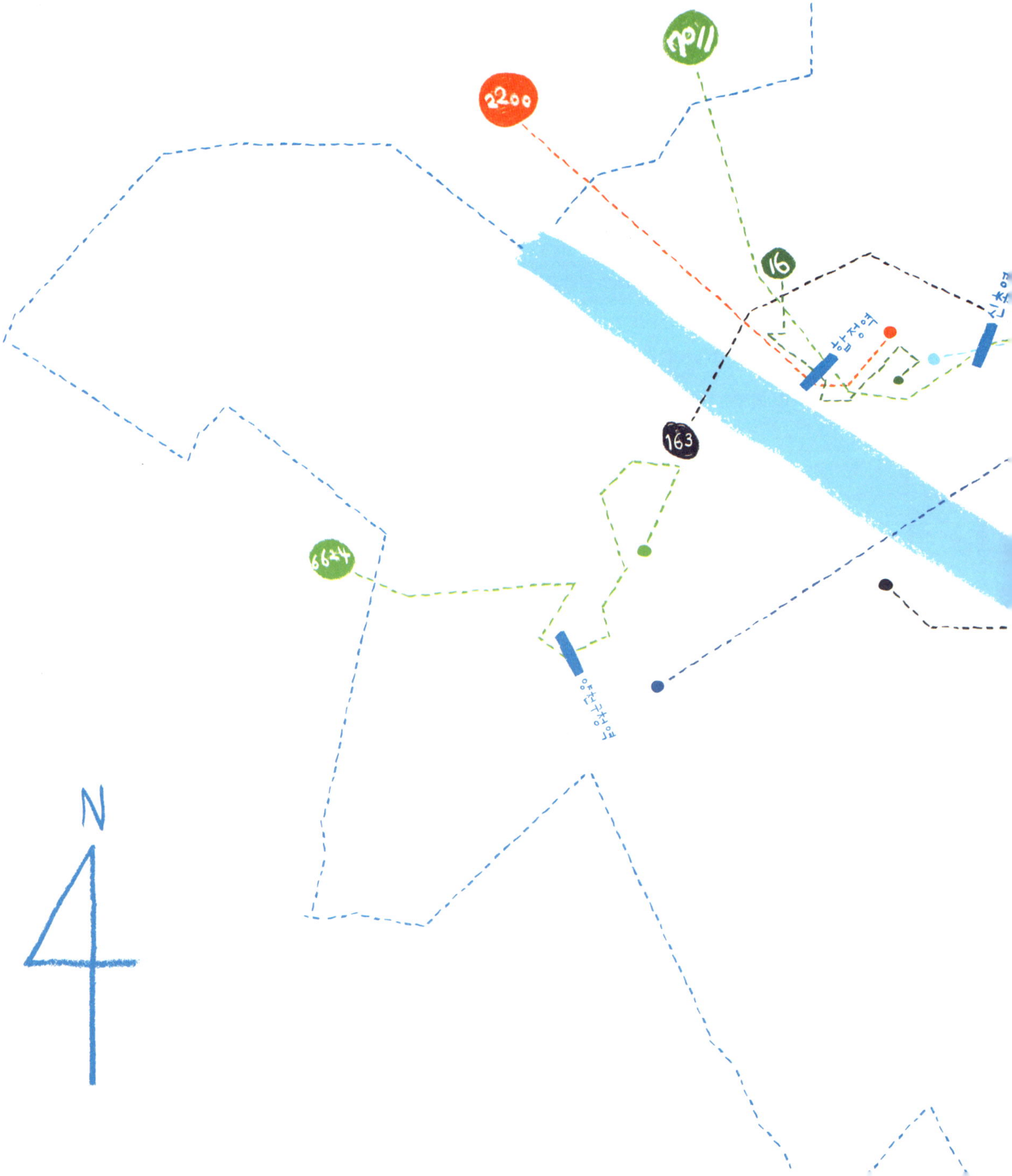

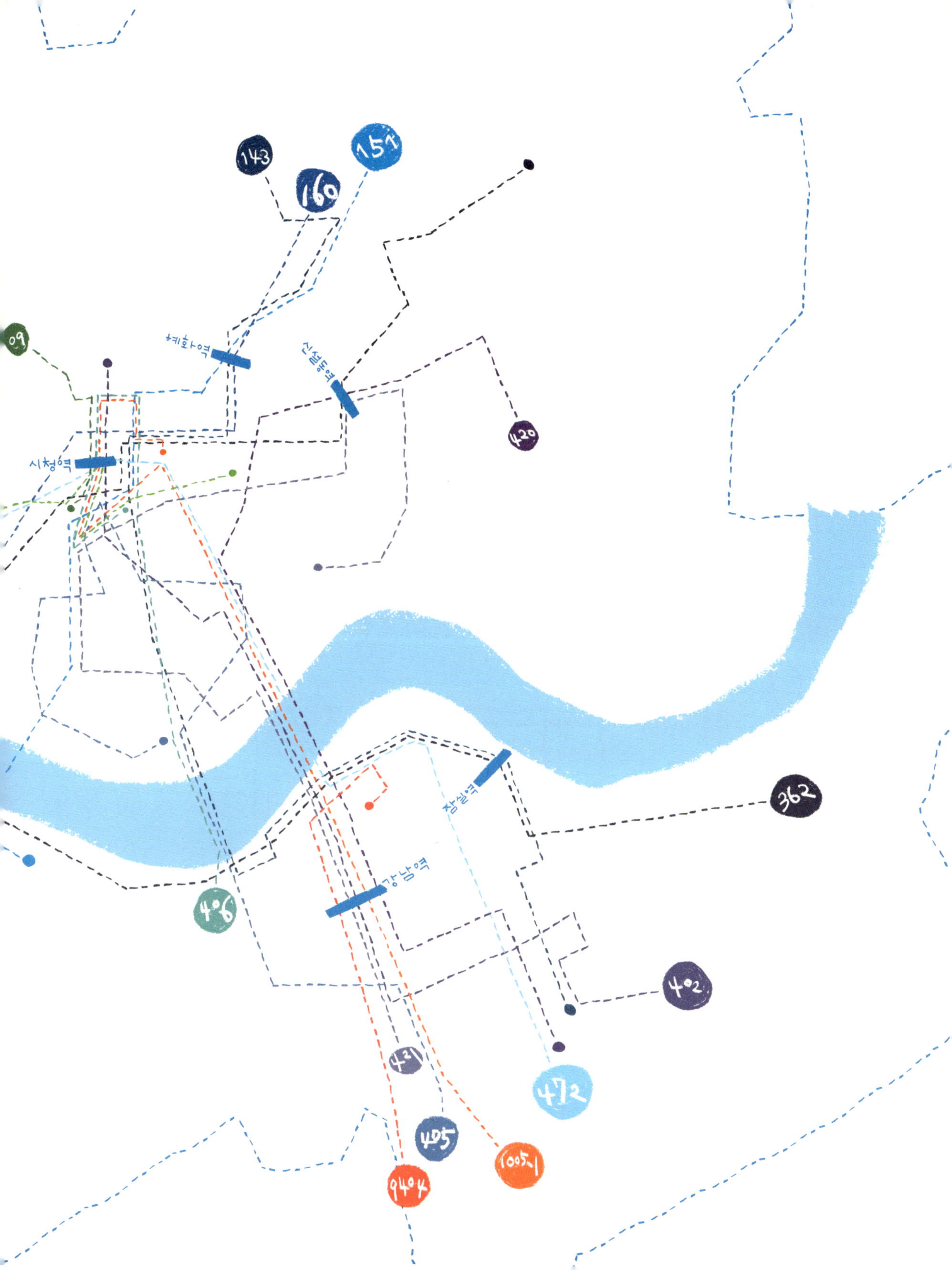
143
159
157
160
09
420
362
408
402
431
472
405
1005-1
9408
시청역
잠실역
강남역

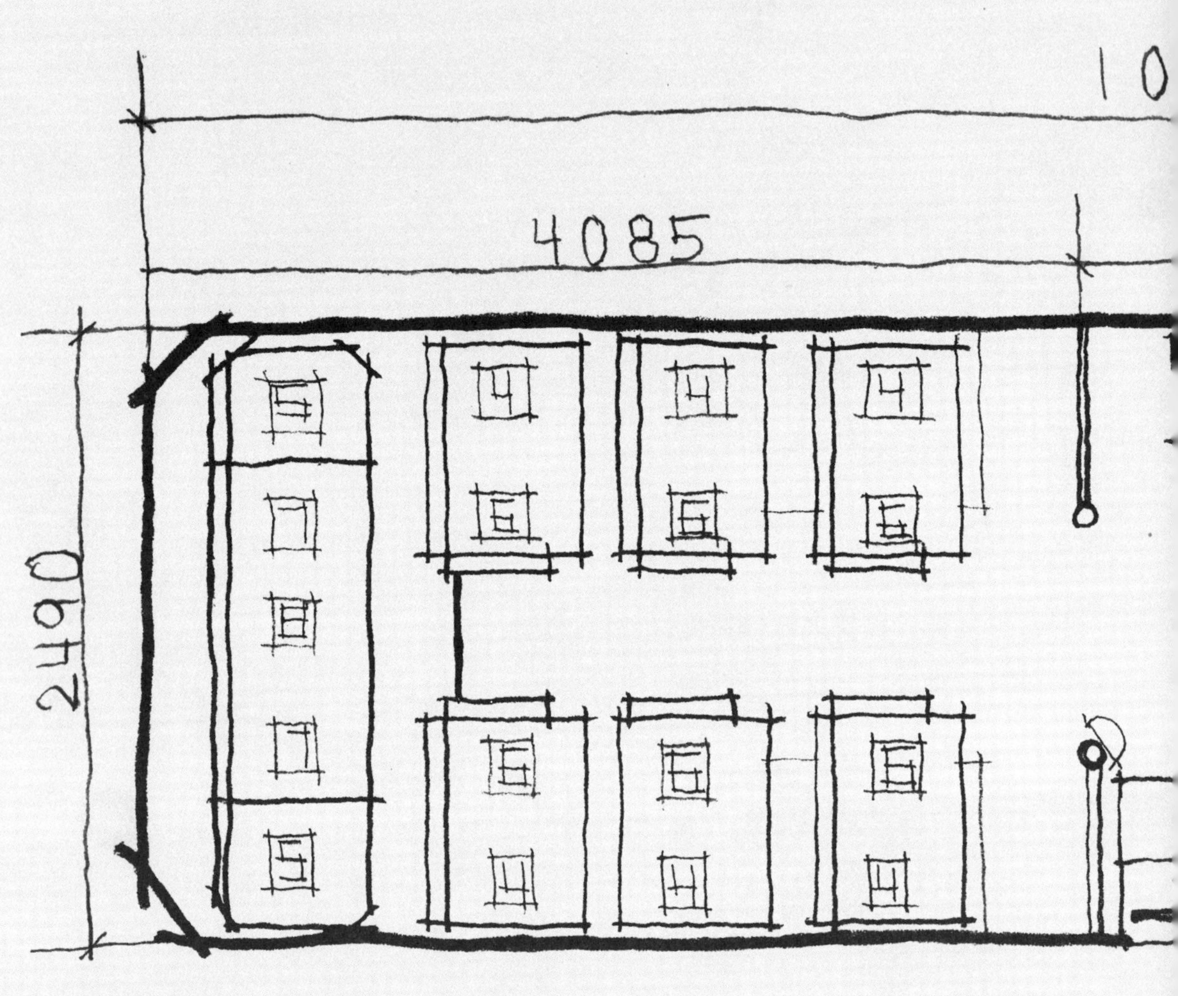
4085
2490
10
버
벼
버
벼
버
버
벼
버
버
버
버
버
버
버
《버스자리 바

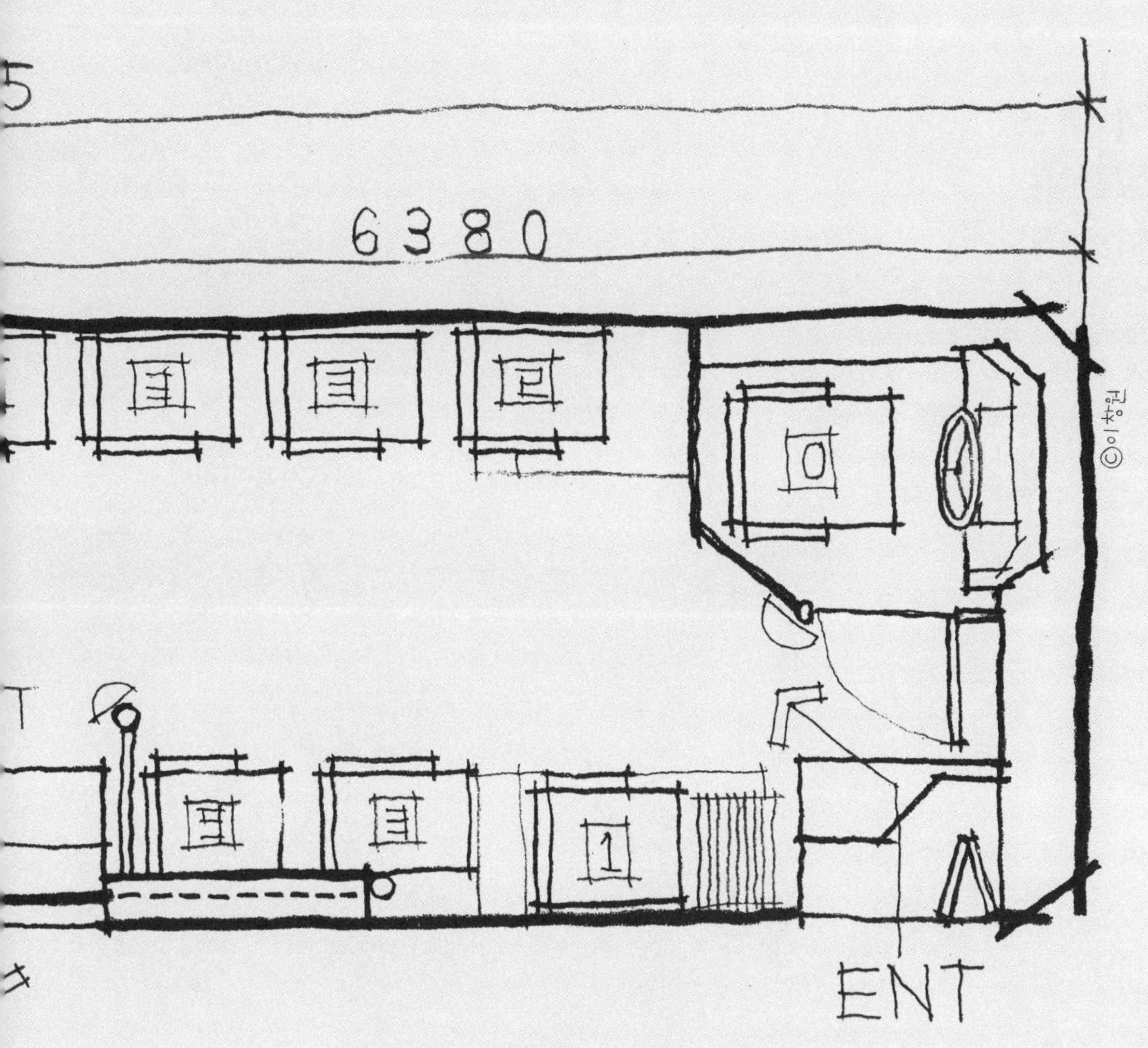

〈구경 등급표〉

더 버스
청춘의
서울여행법

초판 1쇄 발행　2013년 8월 12일
초판 2쇄 발행　2013년 8월 20일

지은이　　이예연 이창원 이혜림 공저
펴낸이　　이준경
편집이사　홍윤표
편집장　　이찬희
편집　　　유인경
디자인　　김인엽
마케팅　　오정옥
펴낸곳　　웅지콜론북

출판 등록　2011년 1월 7일 제141-81-22416호
주소　　　(413-756) 경기도 파주시 문발동 파주출판도시 504-3
전화　　　070-7710-7007
팩시밀리　031-948-7611
홈페이지　www.gcolon.co.kr
페이스북　/gcolonbook

ISBN　　978-89-98656-12-6　13980
값　　　　16,000원

웅지콜론북은 예술과 문화, 일상의 소통을 꿈꾸는 (주)영진미디어의 출판 브랜드입니다.

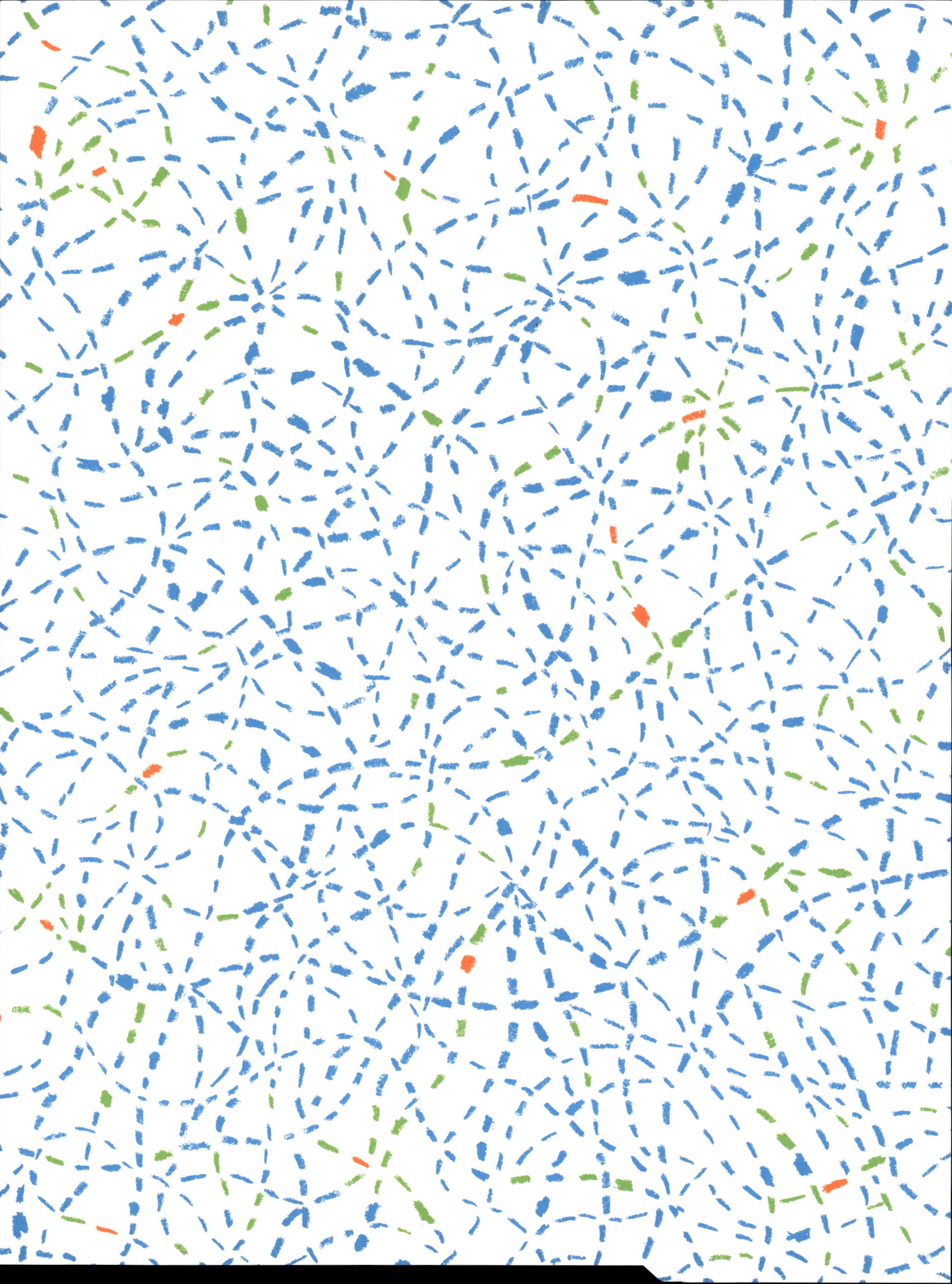

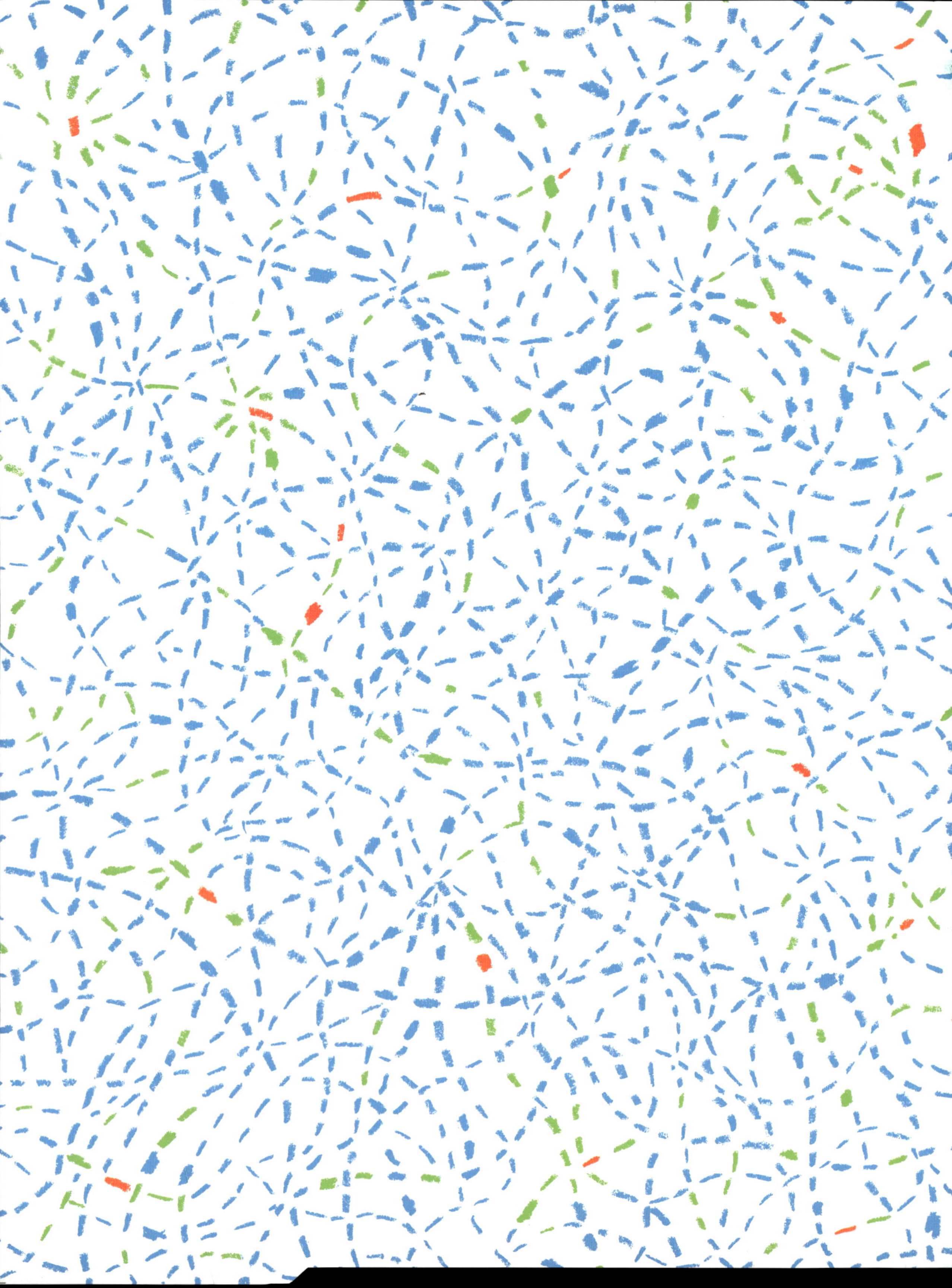